크리스토퍼 히친스 Christopher Hitchens

세계적인 정치학자이자 저널리스트. 레넌문학상을 수상하는 등 문학성까지 인정받은 작가. 옥스퍼드대학교에서 철학과 정치·경제를 전공했다. 어려서부터 신에 대한 회의가 깊었고, 어른이 되어 세계의 종교를 공부하면서 신(종교)이 품고 있는 '자기모순'에 눈을 돌리게 되었다. 〈베니티 페어〉〈슬레이트〉〈디 애틀랜틱〉의 객원 편집자로 일했으며, 대표작으로 세계적 베스트셀러《신은 위대하지 않다》《히치-22》《논쟁》등이 있다. 2011년 암으로 사망했다.

옮김_ **김명주**

성균관대학교 생물학과, 이화여자대학교 통번역대학원을 졸업했다. 주로 과학과 철학 분야 책들을 우리말로 옮기고 있다. 옮긴 책으로《생명 최초의 30억 년: 지구에 새겨진 진화의 발자취》(2007년 과학기술부 인증 우수과학도서)를 비롯해《호모 데우스》《왜 종교는 과학이 되려 하는가》《디지털 유인원》《우리 몸 연대기》《도덕의 궤적》《다윈 평전》《과학과 종교》등이 있다.

해제_ **장대익**

서울대학교 자유전공학부 교수. 문화 및 사회성의 진화를 연구하는 진화학자로 학술, 문화, 산업 등 분야를 넘나들며 다양한 지적 활동을 펼치고 있다. 제11회 대한민국 과학문화상을 수상했다.《사회성이 고민입니다》《울트라 소셜》《다윈의 식탁》《다윈의 서재》《다윈의 정원》《아이가 사라지는 세상》(공저) 등의 책을 썼고,《종의 기원》《통섭》등을 우리말로 옮겼다.

신 없음의 과학

신 없음의 과학

1판 1쇄 발행 2019. 11. 08.
1판 3쇄 발행 2021. 3. 10.

지은이 리처드 도킨스·대니얼 데닛·샘 해리스·크리스토퍼 히친스
옮긴이 김명주 | 해제 장대익

발행인 고세규
편집 임지숙 | 디자인 유상현
발행처 김영사
등록 1979년 5월 17일(제406-2003-036호)
주소 경기도 파주시 문발로 197(문발동) 우편번호 10881
전화 마케팅부 031)955-3100, 편집부 031)955-3200 | 팩스 031)955-3111

이 책의 한국어판 저작권은 저작권사와의 독점 계약으로 김영사에 있습니다.
저작권법에 의해 한국 내에서 보호를 받는 저작물이므로 무단전재와 무단복제를 금합니다.

값은 뒤표지에 있습니다.
ISBN 978-89-349-9945-4 03400

홈페이지 www.gimmyoung.com   블로그 blog.naver.com/gybook
인스타그램 instagram.com/gimmyoung   이메일 bestbook@gimmyoung.com

좋은 독자가 좋은 책을 만듭니다.
김영사는 독자 여러분의 의견에 항상 귀 기울이고 있습니다.

이 도서의 국립중앙도서관 출판시도서목록(CIP)은 서지정보유통지원시스템 홈페이지
(http://seoji.nl.go.kr)와 국가자료공동목록시스템(http://www.nl.go.kr/kolisnet)에서
이용하실 수 있습니다.(CIP제어번호 : CIP2019041331)

세계적 사상가 4인의 신의 존재에 대한 탐구

신 없음의 과학

리처드 도킨스

대니얼 데닛

THE FOUR HORSEMEN

샘 해리스

크리스토퍼 히친스

리처드 도킨스 · 대니얼 데닛 · 샘 해리스 · 크리스토퍼 히친스 지음

김명주 옮김 | **장대익** 해제

김영사

목차

종교의 오만, 과학의 겸손, 무신론의 지적·도덕적 용기 / 31

_리처드 도킨스

과학은 모든 것을 안다는 오만한 주장을 한다고 종종 비난받는다.
하지만 이러한 비난은 표적을 한참 빗나간 것이다.

이웃에 '커밍아웃'하라 수가 많으면 강해진다 61

_대니얼 데닛

우리의 토론 기록에서 획일적 공통 신조나 정치적 이유로
은폐된 어떤 모순을 찾아내려는 사람은 빈손으로 돌아갈 것이다.

∨

무신론 혁명을 촉발한 '네 기사'의 등장

리처드 도킨스는 언젠가 "무신론자는 자신을 똑똑하다고 여겨 다른 이들과 함께하는 것을 꺼린다"라고 말한 적이 있다. 마치 혼자 있는 것을 즐기는 고양이처럼 말이다. 그런데 내 경험으로는 꼭 그렇지 않다. 그동안 내가 만난 (자칭) 무신론자들은 무신론자인 나와의 만남을 즐겼고 힘을 얻어갔다. 나 또한 그랬다. 군중심리가 작동할 규모의 번잡함을 꺼리는 것일 뿐, 무신론자들도 함께 모여 서로를 토닥거려주는 것을 즐긴다(물론 종교인들이 하는 정도의 빈도와 강도는 아닐 것이다).

그런데 만일 함께 모인 무신론자들이 지구를 대표함직한 지성인들이라면 어떨까? 만일 도킨스, 데닛, 해리스, 히친스가 의기투합해서 뭉쳤다면? 정말 이런 조합이라면 유신론의 도전으로부터 무신론을 지키려는 한 편의 〈어벤져스〉 영화이리라. 전투적 무신론자 도킨스, 전략적 무신론자 데닛, 직설적 무신론자 해리스, 성역파괴 무신론자 히친스는 각각 혼자만으로도 충분한 존재감을 발산하는 엄청난 저자들이다. 촌철살인의 저널리스트 히친스만 빼고 모두 과학에 깊숙이 발을 담그고 있는 사상가라고 할 수 있다. 이러한 '네 기사'가 무신론을 떠받들기 위해 한곳에 모였고(2007년 9월 30일), 그들의 놀라운 대화를 녹취하고 후기를 달아 묶은 것이 이 책이다.

현대 무신론 운동의 태동

세상에서 가장 바쁜 지식인들이 어쩌다 한곳에 모이게 되었는지부터 해명할 필요가 있다. 2001년 실시한 미국의 종교 정체성 조사 결과에 따르면, 자신을 그리스도교인이라고 대답한 사람은 76.5%, 무종교라고 답한 사람은 13.2%, 유대교는 1.3%, 불가지론자는 0.5%, 무신론자는 0.4%였다. 불가지론자와 무신론자를 합해도 1%가 넘지 않고, 그리스도교는 80% 정도나 되니 미국을 그리스도교 국가라 부르는 데 이의를 제기할 사람은 별로 없을 것이다.

2006년 9월의 갤럽조사 결과는 더욱 흥미롭다. 질문은 이랬다. "일반적으로 말해 당신은 미국인이 ＿＿＿＿을 대통령으로 선출할 준비가 되어 있다고 생각하는가?" 답변 항목에는 유대인, 아시아인, 여성, 흑인, 몰몬교인, 히스패닉, 무신론자, 동성애자가 무작위로 나열되어 있었다. 어떤 부류의 사람들이 가장 높은 점수를 받았을까? 1등부터 나열해보면 여성(61%), 흑인(58%), 유대인(55%), 히스패닉(41%), 아시아인(33%), 몰몬교인(29%), 무신론자(14%), 동성애자(7%) 순이었다. 미국에서는 무신론자가 대통령이 될 가능성이 몰몬교인보다 낮고 동성애자보다는 조금 높다는 이야기인데, 다시 말하면 무신론자 대통령이 나올 가망성은 극히 적다는 뜻이다. 미국의 정치인들은 표를 의식해서라도 그리스도교인을 자처해야만 한다.

이런 맥락에서 미국의 무신론자들도 압박감을 느낄 만하다. 중동에서 이슬람교를 믿지 않는 사람들이 느끼는 압박감보다는 덜하겠지만 말이다. 특히 이런 현상은 조지 W. 부시 전 미국 대통령이 재집권을 하고 나서부터 더욱 심화되었다. 그는 보수 그리스도교층에 표를 더 얻기 위한 제스처 이상으로 근본주의 그리스도교를 옹호했다. 미국 지식인들 중에는 911 같은 테러가 미국의 반이슬람 그리스도교 근본주의 때문에 일어났다고 보는 사람들이 적지 않았다. 당시의 이라크 사태를 '미국 근본주의 그리스도교 vs. 중동 근본주의 이슬람'의 대결로만 보는 것은 지나치게 단순한 구도일 수 있지만 말이다. 그런 상황에서 종교 간 전쟁 때문에, 더 정확히는 고삐 풀린 종교 자체 때문에 세계가 실제로 큰 위험에 빠졌다고 외치는 지식인들이 늘기 시작했다.

과학적 무신론 동맹의 형성

그중에서 아주 흥미로운 인사가 바로 당시 영국 옥스퍼드대학교 석좌교수로 있던 진화생물학자 리처드 도킨스였다. 2006년 출간된 그의 저작《만들어진 신The God Delusion》은 무신론 운동의 신호탄이었다. 이 책은 출간 직후부터 전 세계 출판시장을 주도할 만큼 초대형 히트작으로 자리 잡았고, 국내에서도 뜨거운 돌풍을 일으켰다. 이 책의 주장은 한마디로 "신은 망상일 뿐"이라는 것이다. 그에 따르면 신은 요정, 도깨비, 유니콘, 포켓몬스터처럼 상상 속의 존재일 뿐인데 많은 이들이 마치 실재하는 양 착각하고 있다. 그는 이 망상이 일종의 '정신 바이러스'라고 주장했다. 그리고 망상에서 빨리 깨어나야 종교전쟁으로 인한 인류의 파멸을 막을 수 있다고 진단했다.

도킨스의 이런 도발은 일시적인 것이 아니었다. 그는 책 출간 즈음하여 자신의 공식 홈페이지*를 만들었고, '리처드 도킨스 이성과 과학 재단Richard Dawkins Foundation for Reason and Science**도 세워 본격적인 무신론 캠페인에 들어갔다. 미국과 영국을 순회하며 책에 대한 강연, TV 출연, 인터뷰 등으로 바쁜 일정을 소화했고, 영국 BBC를 통해 〈모든 악의 근원?Root

---

*   https://www.richarddawkins.net/
**   https://www.richarddawkins.net/foundation

of All Evil?》(2006)이라는 다큐멘터리를 직접 만들어 방영하기도 했다.

이 다큐멘터리에는 콜로라도의 한 대형 교회(개신교)의 예배에 (관찰자로) 직접 참여해 당시 대통령이던 조지 W. 부시와 핫라인을 갖고 있을 정도로 정치적 영향력까지 있는 복음주의 목사와 언쟁을 하는 장면이 나온다. 그 목사가《성경》에는 하나의 모순도 없다고 말하자, 도킨스는 현재의 과학이《성경》에 대해 수많은 모순점을 지적한다고 맞받아친다. 그랬더니 목사는 바로 "당신같이 오만한 사람이 문제"라고 비난한다. 그러면서 "우리의 아이들을 동물이라고 말하는 당신과는 더 이상 얘기할 수 없다"고 대화를 그만둔다.

도킨스는《만들어진 신》서문에서 비틀즈 존 레논John Lenon의 노래 〈이매진imagine〉을 패러디하여 다음과 같이 부른다. "종교가 없는 세상을 상상해보라. 자살폭탄, 911, 런던폭탄테러, 십자군, 마녀사냥, 화약음모사건Gunpowder plot, 인디언 분할구역, 이스라엘 - 팔레스타인 전쟁, 세르비아·크로아티아·무슬림 대학살…… 등이 없는 세상을 상상해보라."

《만들어진 신》은 '신이 존재한다는 가설God hypothesis'이 왜 설득력이 없는지를 논증하고 있다. 그리고 신의 존재를 인정해야만 의미 있다고 여겨지는 것들, 가령 인생의 의미, 도덕성, 사랑, 책임감 등이 어떻게 자연적 과정을 통해 진화해왔는지를 보여준다.

사실 이런 주장은 그동안 무신론적 진화론자(진화론은 무신론일 수밖에 없다고 주장하는 사람들)의 단골 메뉴였다. 그런데 그의 책에는 새로운 이야기가 있다. 그는 부모의 절대적 영향 아래 있는 아이들에게 부모의 종교에 따라 '무슬림 아이들', '그리스도교 아이들'과 같은 꼬리표를 달아줘서는 안 된다고 주장한다. 그것은 종교에 관해 적절한 판단을 할 수 없는 아이들을 더 큰 혼돈에 빠뜨리는 일종의 '아동 학대'이기 때문이라는 것이다. '마르크스주의 아이들Marxist children'이나 '자유주의 아이들Liberal children'이 얼마나 어색하냐는 것이다.

도킨스가 재단까지 설립해가며 이런 도발적인 주장들을 펼쳤던 이유는 무엇일까? 그의 행보는 일종의 '무신론 운동'을 일으키려는 시도였다. 그는 "종교는 감히 비판해서는 안 될 무엇"이 절대 아니라는 점을 사람들에게 일깨워주려 했다. 더 나아가 그는 유신론적 종교를 박멸해야 할 '정신 바이러스'라고 규정하고 인류가 하루 빨리 그 망상으로부터 벗어나야 한다고 주장했다. 그는 자신의 복제만을 위해 인간 숙주를 무차별 공격하는 감기 바이러스처럼, 종교도 그 자체만을 위해 작동하는 정신 바이러스일 뿐이라며 새로운 유형의 무신론 운동을 시작했다. 이른바 과학적 무신론 운동이다.

이 과학적 무신론 운동의 또 다른 축에는 인지과학자 대니얼 데닛이 있다. 그는 흥미롭게도 도킨스가 시작한 이 운동을 오프라 윈프리의 그것에 비유했다. 오프라는 한때 〈오프라 쇼〉에서 미국 내 가정의 매 맞는 여성에 관한 심각한 문제를 전국적으로 일깨운 적이 있었다. 데닛은 도킨스의 책과 활동도 종교에 관한 심각한 문제를 부각시키려는 캠페인이라고 평가했다.

데닛은 그 누구보다 도킨스의 밈meme 이론*을 발전시킨 학자이지만 종교에 대한 정신 바이러스 이론에는 다소 비판적이었다. 데닛은 《주문을 깨다Breaking the Spell》에서 도킨스가 종교밈의 무법자outlaw적 측면만을 지나치게 강조했다고 비판하고 종교밈을 '야생밈wild-type meme'과 '길들여진 밈domesticated meme'으로 구분한 후, 현대의 고등종교는 후자에 해당한다고 분석했다. 그에 따르면 민속종교 같은 경우는 자신의 복제에만 열을 올리는 야생밈이지만, 현대의 고등종교는 경전·신학교·교리문답·신학자 등과 같은 기구들 없이는 존재할 수 없을 정도로 우리에게 길들여져 있는 밈이다. 즉, 우리가 우리 자신을 위해 야생의 소를 젖소로 길들였듯이, 우리는 진화의 역사에서 우리 자신을 위해 민속종교 같은 야생밈을 고등종교로 길들였다는 것이다. 그렇다면 종교를 이해하기 위해서는 이런

---

* 리처드 도킨스가 《이기적 유전자The Selfish Gene》에서 소개한 용어. 유전자처럼 개체의 기억에 저장되거나 다른 개체의 기억으로 복제될 수 있는 비유전적 문화요소 또는 문화의 전달 단위를 말한다.

이 책을 읽기 전에

종교밈의 작동, 확산, 대물림, 진화 메커니즘을 밝혀야 한다는 뜻이 된다.

종교밈에 대한 데닛의 논의 중에서 가장 흥미로운 부분은 '믿음에 대한 믿음belief in belief' 대목이다. 가령, 무신론자를 향해 "쯧쯧, 너는 잘못된 길로 가고 있어"라며 상대방의 믿음에 대해 걱정하는 경우가 바로 '믿음에 대한 믿음'의 사례이다. 이 것은 일종의 '메타밈meta-meme'인데, 밈의 효과적인 전파를 위한 가장 강력한 도구이기도 하다. 도킨스와 데닛의 이런 세부적 차이에도 불구하고 이 둘은 종교를 설명이 필요한 하나의 자연현상으로 이해하고 있다는 면에서 동일한 입장을 갖는다. 무엇보다도 과학에 근거한 무신론을 하나의 세계관 운동 차원으로 끌어올려야 한다는 데 깊이 동의했다.

이 책의 또 다른 기사 샘 해리스도 이 운동에 적극적으로 동참했다. 그는 이미《기독교 국가에 보내는 편지Letter to a Christian Nation》와《종교의 종말The End of Faith》같은 저서에서 유신론적 종교의 비과학성과 비합리성을 예리하게 고발한 무신론 운동의 신예였다. 마지막으로 몇 해 전 작고한 탁월한 저널리스트 크리스토퍼 히친스도 무신론 운동 대열에 합류했다. 그는 과학자는 아니지만《자비를 팔다The Missionary Position》,《신은 위대하지 않다God Is Not Great》등에서 종교의 허상과 불의를 만천하에 까발린 성역파괴자였다. 가령 테레사 수녀의 발자취를 좇으며 대중적 인식과는 달리 그녀가 얼마나 탐욕적 소시민이었는지를 취재했고, 개신교의 역사에 얼마나 썩은 냄새가 진동하는지를 파헤쳤다. 이런 그가 과학적 무신론 동맹에 기꺼이 합류할 수 있었던 것은 그 또한 도킨스, 데닛, 해리스처럼 합리성과 객관성을 금과옥조로 받아들였기 때문이었을 것이다.

그들이 우리에게 주는 의미

2007년 미국의 심장부에서 펼쳐진 이 네 기사의 자유로운 대화는 하나의 역사가 되었다. 감히 무신론 혁명을 촉발한 대화였기 때문이다. 그때 이후로 무신론은 미국 사회에서 더 이상 커밍아웃해야 할 수줍은 신념이 아니다. 무신론자들은 자신의 지적 기호에 따라 이 네 기사들 중 누군가를 지칭하며 "그를 봐. 나도 그와 같은 생각이야"라고만 답해도 되기 때문이다.

우리 사회는 어떤가? 우리는 아직도 종교적 이유 때문에 진화의 사실을 믿지 않는 사람들이 40% 정도나 된다. 개신교인 중에서 악마의 존재를 믿는 신자는 70%, 천국을 믿는 신자는 80%, 사후 영혼을 믿는 신자도 80%나 된다. 무신론이 지적이고 합리적인 사람들의 최선의 선택임을 주장하기에는 아직 갈 길이 멀다는 이야기이다.

그래서 이 책이 우리에게도 소중하다. 이 책은 적어도 무신론자로 이미 커밍아웃한 독자나 무신론자가 되길 고려하는 사람들에게는 더할 나위 없는 격려와 위로가 될 것이다. 한편 세계 최강 무신론자들의 논리를 알고 싶거나 그들의 진지한 대화를 엿듣고 싶은 유신론 독자들에게도 매우 유용할 것이다. 이 책으로 인해 우리 사회의 종교에 대한 논쟁의 수준이 한층 격상되길 기대한다.

서울대학교
자유전공학부 교수
장대익

하나는 모두를 위해, 모두는 하나를 위해!

A 신을 믿어?

B 대답할 가치도 없는 질문이야. 무슨 신? 가네시Ganesh? 오시리스Osiris? 주피터Jupiter? 여호와Jehovah? 세계 곳곳에서 날마다 숭배하는 수없이 많은 애니미즘 신 중 하나?

A 그렇게 나온다면, 좋아. **어떤** 신이든.

B '어떤 신'을 믿느냐고?

A 봐, 창조가 있었어. 안 그래? 그러므로 창조자가 있어야 해. 무에서는 아무것도 나오지 않으니까. 모든 것에는 시작이 있어야 해.

B 네가 '그러므로'라는 단어를 무분별하게 사용하고 있지만 그 부분은 그냥 넘어가고, 일단 네 말대로 그렇다고 치자. 단지 호기심에서 말이야. 결론이 어떻게 나는지 어디 한번 보자고.

A 그럼 좋아.

B 뭐가?

A 너는 창조자가 존재한다는 데 동의했어.

B 글쎄, **동의**한 게 아니라, 이 이야기가 어디로 흘러갈지 궁금해서 그렇다고 한 거야. 창조자가 '반드시' 존재해야 한다는 이유로 네가 떠올린 그 신은 누구지?

A 말할 수 없어.

B 게다가 더 중요한 건 그 신은 누가 창조했지?

A 바보 같은 질문이야.

B 무에서는 아무것도 나오지 않고, 모든 것에는 시작이 있어야 한다고 말한 건 바로 너야. 이 원리를 네가 말하는 창조자가 어디서 왔는지 묻는 데 사용하면 왜 안 되는데?

A 사랑과 아름다움은 과학으로 설명할 수 없다는 걸 인정해야 해. 그건 다른 차원의…….

우리는 모두 열을 올리며 이런 식의 미숙하고 무익한 대화를 해본 적이 있다. 세계는 거북이 받치고 있고 그 거북을 더 큰 거북이 받치고 있으며 그 밑에는 또 다른 더 큰 거북이 받치고 있다는 식의 '무한후퇴'에 대해 옥신각신하며 진지하게 싸우고, 증명할 수 없는 것을 증명해보라고 따지다 보면 대화는 술잔을 기울이며 밤늦도록 계속된다. 우리는 모두 신자들이 자신의 입장을 어떻게 말하는지 들어본 적이 있다. 먼저 그들은 절반만 이해한 과학적 사고와 발견을 제시한다.

A 우리는 그 무엇도 확신할 수 없다는 것을 양자물리학이 증명하잖아.

그런 다음 경멸적으로 과학을 내친다.

A 과학이 모든 대답을 할 수 있는 것은 아니야. 우주가 무엇으로 구성되어 있는지조차 설명하지 못하잖아! 과학은 단지 가설일 뿐이야.

'진짜 스코틀랜드 사람' 오류*는 여전히 건재하다.

A 불교는 우리에게 많은 것을 가르쳐줘. 불교에는 진정한 심리적·인지적 가치가 있다는 것이 밝혀졌어.
B 미얀마 군대가 인종 청소를 위해 로힝야족을 학살할 때 그것을 도운 불교 승려들의 종교를 말하는 거야?

• 　반대되는 사례를 배제하고 계속해서 불합리한 주장을 하려는 논리적 오류. - 옮긴이
　A: 스코틀랜드 사람은 죽에 설탕을 넣지 않아. / B: 우리 삼촌은 스코틀랜드 사람인데 죽에 설탕을 넣어. / A: 진짜 스코틀랜드 사람은 죽에 설탕을 넣지 않아.

A 아냐, 그들은 진짜 불교 승려가 아니었어.

⬥

이러한 장면은 날마다 벌어지는데, **그래야만 한다**는 사실은 중요하다. 공격과 반격의 공방전은 피곤해지면서 공격적이 되고 지루하게 돌고 돌지만, 잊지 말자. 이건 중대한 주제이고, 신학자와 광신자 그리고 신자들의 주장은 그들 일생일대의 주장이다. 무엇에 관한 것이든. 이러한 언쟁과 논쟁에 참여하기 위해서는 박사학위를 딸 필요도, 중세 수도사 토마스 켐피스의 책*이나 모르몬교 경전, 싯다르타의 가르침 또는 《종의 기원On the Origin of Species》과 《수학원리Principia Mathematica》를 읽을 필요도 없다. 하지만 그런 자격을 갖춘 사람 네 명이 모여서 하는 이야기를 엿들을 수 있다면 근사하지 않을까? 그들의 대화는 가슴을 뜨겁게 하고, 영혼을 간질이며, 신경을 자극한다. 바로 그것이 이 책을 통해 우리가 할 수 있는 일이다. 골똘히 생각하고 맹렬히 싸우면서도(그들은 우리 시대에 공개적으로 싸우고 심한 공격을 받는 몇 안 되는 지식인이다) 재치와 유머, 균형 감각

---

* '《성경》다음으로 많이 읽힌 책'이라는 수식어가 따라붙는 Thomas à Kempis(1380?~ 1471)의 《그리스도를 본받아De imitatione Christi》를 말한다. ―옮긴이

을 잃지 않는 네 사람의 이야기를 엿듣는 것 말이다.

그러면 이러한 지성을 갖춘 사총사는 누구인가? 그들은 우리와 세상에 무엇을 원할까? 우리가 왜 관심을 가져야 하는가? 한 사람씩 만나보자.

샘 해리스Sam Harris(아라미스)는 신경과학자이자 도덕철학자, 작가이며 브라질 주짓수(관절 꺾기나 조르기 등을 이용해 상대방을 제압하는 유명한 무술)를 열정적으로 연마한다. 그는 나 같은 사회 계층의 영국인은 이해할 수도 없고 매우 쑥스럽게 여기는 형태의 명상에도 숙련된 사람이다. 나는 '마음 챙김'이라는 말을 하는 것만으로도 얼굴이 붉어진다. 해리스가 쓴 영향력 있는 저서로는 《종교의 종말》과 《기독교 국가에 보내는 편지》가 있고, 또 다른 책과 많은 인기를 얻은 팟캐스트 시리즈를 묶은 《나는 착각일 뿐이다Waking Up》를 펴내기도 했다. 후자는 종교적 가르침 밖에서 도덕과 영성을 찾는 방법을 탐구하는 일에 대한 그의 지대한 관심을 보여준다.

대니얼 데닛Daniel Dennett(아토스)은 철학자이다. 아마 현재 살아 있는 가장 유명한 철학자일 것이다. 몇 년 전에는 누군가에게 이런 호칭을 붙이는 것이 현존하는 가장 유명한 유체역학자, 또는 역사상 가장 유명한 딱정벌레 학자라고 부르는 것과 비슷했다. 하지만 요즘 철학과 그 분파 학문들은 이른 바 '핫'하다. 그 어느 때보다 많은 사람이 학부 전공으로 철학을 선택하는 듯하다. UC버클리 동창회지의 머리기사가 잘 표현했듯이 "철학의 인기가 치솟고 있다. 애호가들은 철학을 더 이상 '가난으로 가는 흥미로운 길'로만 여기지 않는다." 데닛 교수는 마음, 진화생물학, 자유의지, 그 밖의 많은 주제에 대해 글을 쓴다. 그의 저서《주문을 깨다: 자연현상으로서의 종교Breaking the Spell: Religion as a Natural Phenomenon》는 평화롭던 학계, 지식인 계층, 종교계, 정치계에 큰 동요를 일으켰다. 그는 아스비외른 스타일리크-페테르센과 함께 쓴《철학 사전The Philosophical Lexicon》하나만으로도 영원한 영광을 누릴 것이다. 아인슈타인, 노아, 케네디 가문처럼 데닛 교수는 망망대해를 헤쳐가는 예리한 선원이다.

리처드 도킨스Richard Dawkins(다르타냥)는 진화생물학과 다윈주의를 후대에 소개하는 일에 책임감을 느낀다. 절판될 기미가 보이지 않는 그의 저서《이기적 유전자》와《눈먼 시계공The Blind Watchmaker》은 후대에 계속해서 영감과 정보와 놀라움을 안겨주고 있다. 그는 옥스퍼드대학교의 '과학의 대중적 이해를 위한 시모니 교수' 자리를 처음 차지한 사람으로서 회의론자, 열정적 합리주의자, 자랑스러운 무신론자, 유사 과학적 언어로 표현된 사기와 속임수의 재치 있는 폭로자로 세계적 평판을 얻었다. 그러는 동안에도 선도적인 동물행동학자와 생물학자로서 경력을 쌓아갔다. 그는 우리 언어에 '밈meme'이라는 단어를 제공했고, 과학자로서 유전자형뿐 아니라, 생명을 만드는 총체적 진화 패키지인 표현형에 대한 우리의 이해를 크게 확대했다. 그가 설립한 '리처드 도킨스 이성과 과학 재단'은 자유사상으로 전 세계가 주시하는 곳이다.

크리스토퍼 히친스Christopher Hitchens(포르토스)는 이제 과거형을 사용할 수밖에 없는 것이 너무나 가슴 아프지만, 기자이며 평론가, 논객, 반골 지식인, 토론자, 정치사가, 저자, 사상가였다. 불가사의할 정도로 유창한 표현과 학식의 폭, 특별한 기억력, 장난, 넉살, 당당함은 그의 논쟁 솜씨를 그가 살아 있는 동안 누구도 필적할 수 없는 수준으로 끌어올렸다. 1960~1970년대의 영향을 많이 받은 그가 그나마 유튜브 시대에 입성한 것이 우리에게는 참 다행이다. 우둔하고, 악의적이고, 잘 모르고, 준비가 안 된 사람들을 향한 그의 예리한 채찍질이 그가 쓴 많은 기사, 에세이, 저서뿐 아니라 사이버 공간에서도 영원히 살아 있을 것이기 때문이다.

리처드 도킨스는 이 책을 위해 새로 쓴 소개 글에서 네 기사가 만나게 된 배경을 잘 설명한다. 하지만 네 기사가 영어를 사용하는 권역에서 어떻게 새 지평을 열었는지 상기해보는 것도 의미 있을 것이다. 그들은 세계 곳곳에 토론의 장을 열었고, 새로운 세대를 위해 인본주의와 세속주의에 힘을 실어주었으며, 신앙 치료라는 속임수부터 잔인한 순교에 이르는 종교가 지닌 최악의 측면들이 종교 자체의 본질과 분리될 수 없다는, 항상 잠재해 있었지만 점점 고개를 드는 의심을 말로 표현했다. 그들은 이를 위해 매우 영향력 있는 저서들을 출판했다. 해리스의 《종교의 종말》, 도킨스의 《만들어진 신》, 데닛의 《주문을 깨다》, 히친스의 《신은 위대하지 않다》가 그것이다. 이 책들은 2000년대 초 미국에서는 복음주의적 근본주의 기독교가 성장하고, 이슬람 세계에서는 잔인한 지하디즘Jihadism이 세를 불리던 시대적 배경 속에서 등장했다. 그 임금님은 약 400년 동안 행진해왔는데, 이제 누군가가 나서서 임금님을 가리키며 벌거벗었음을 상기시킬 때였다.

반응은 상상한 대로 극렬했다. 네 기사는 논평과 토론을 위해 시시때때로 이리저리 불려 다니는 미디어 스타가 되었다. 하지만 반종교개혁이 뒤따랐다. 모든 종류의 광신자들이 이

새로운 목소리에 반격을 가했다. 그들 대부분은 네 기사의 책을 읽어보지도 않은 듯했다.[*]

"신무신론은 마치 종교 같다."

"신무신론자도 근본주의자이다."

"종교가 최대 위안이며 버팀목인 사람들에게 어떻게 그런 모욕과 상처를 주는가?"

"레닌과 스탈린이 소련에 무신론을 강요해서 어떻게 되었는지 보라."

"그들은 우리 중 가장 나쁜 사람들의 행동에 따라 우리 전부를 규정한다."

이러한 비난은 물론 논증이 아니라, 고결한 영혼에 상처를 입었다는 억울한 느낌을 풍기는 독단적인 주장일 뿐이다. 그들은 신무신론이 옹호하는 모든 것이 그런 비난으로 간단히 반박되는 줄 안다. 수천 년 동안 패권, 억압, 검열을 행사해온 종교의 투사들은 바야흐로 잔인한 언어폭력, 거만한 괴롭힘, 지적 박해의 희생자로 기적처럼 변신했다. 네 기사의 대화는 이러한 배경 속에서 진행되었다.

---

[*] 조금 뒤 만나게 될 네 기사의 영성과 신학에 대한 지식의 폭과 비교된다.

실제로 도킨스, 데닛, 해리스, 히친스가 다루는 첫 번째 주제는 '모욕감'이다. 종교 수호자들은 그들의 주장과 관행이 이성, 역사, 지식의 관점에서 과학수사를 받을 때마다 상처를 받았다고 주장한다. 이 주제에 대한 네 기사의 의견을 읽다 보면 이념이나 신념에 대한 대화는 모두 종교 논쟁의 부분집합임을 깨닫게 된다. 언론 자유, 신성모독, 이설에 관한 질문은 지금 우리가 살고 있는 '멋진 것과는 거리가 먼 신세계'에 매우 시의적절하다. 이 신세계에서는 문화전쟁*, 비난, 망신 주기, 노 플랫포밍No-Platforming**이 난무하고, 새 시대의 온갖 해악이 소셜 미디어라는 판도라 상자에서 나와 재잘거리고 빈정대고 독설을 쏟아내며 돌아다니고 있기 때문이다.

네 기사는 적대적인 파리를 때려잡을 때 신랄하고, 거의 잔인하기까지 한 것이 사실이다. 하지만 그들은 항상 규칙을 지킨다. 과학에서든 비과학에서든 모든 지적 활동의 규칙은 하나의 황금률로 귀결된다. 논리와 입증할 수 있는 사실에 입각해 주장을 검증하는 것이다. 논증이 확립되기 위해서는 합리적·경험적으로 이치에 맞아야 한다.

---

* 서로 다른 생각, 철학, 신념, 행동양식을 가진 사회집단 간의 충돌, 또는 상호 충돌하는 문화 가치들 간의 투쟁. 미국에서는 전통주의자 또는 보수주의자와 진보주의자 또는 자유주의자들 간의 가치 충돌을 일컫는 말로 사용된다. – 옮긴이

** 위험하거나 용납할 수 없다는 이유로 다른 사람에게 자신의 생각이나 입장을 공개적으로 표현할 기회를 허용하지 않는 행위. – 옮긴이

그렇다고 신무신론자들이 냉정하고 무감정한 '스폭 씨'* 인 것은 아니다. 이성과 경험의 수호자들은 많은 독실한 신자가 자신의 믿음에 진지하다는 것을 인정한다. 종교적 믿음이 내세우는 신조가 사실인지 따져보는 것은 훌륭하고 정당한 일이지만, 신자 개개인을 조롱하고 깎아내릴 이유는 없다. 귀스타브 플로베르의 《순박한 마음Coeur simple》에서 늙은 하녀 펠리시테가 무릎을 꿇고 묵주기도를 하며 제단 위의 스테인드글라스 창문을 경건한 마음으로 올려다볼 때 그녀는 경멸받을 이유가 없다. 하지만 추기경이 바티칸궁전에서 전달하는 교의, 펠리시테에게 무릎을 꿇게 하는 교의, 와인으로 가득한 바티칸궁전, 터무니없는 칙령과 내세에 대한 위협에 시달리는 대중……. 이것은 공격받을 만하고 공격받을 필요가 있는 것들이다. 공적 영역으로 흘러나와 교육, 법 제정, 정책에 영향을 미치는 주장의 정당성을 조사할 때는 상처 입은 감정을 고려할 의무가 없다.

신의 존재 여부가 1급 문제이지만, 그것은 네 기사의 논쟁에서 곧 빠지고 그 자리를 2급 질문들이 대체한다.

신성과 내세에 대한 믿음은 설령 그것이 증거가 있을 수 없는

---

* 영화 〈스타트렉〉의 등장인물. ─옮긴이

머리말

주장에 근거한다 해도, 선을 위한 힘으로 간주될 수 있을까? 그것은 세계가 잔인하고 폭력적인 장소가 되지 않도록 도덕적 나침반과 도덕률을 제공하는가? 우리가 삶의 지침으로 삼는 것은 대부분 은유이다. 종교적 이야기를 사실 여부와 관계없이 구조와 위계, 의미가 사라져버린 이 상대주의적 문화 속에서 살아가기 위한 틀로 받아들이면 왜 안 되는가?

모든 곳에 편재해서 우리 모두가 느끼는 영성과 신비는 또 어떤가? 당신은 이성과 숫자와 망원경이 침투할 수 없는 영역이 존재한다는 것을 진정으로 부정할 수 있는가?

두려움 없는 네 기사는 이 2급 주제들로 풍덩 뛰어든다. 스티븐 제이 굴드의 만족스럽지 못한 명제 NOMANon-Overlapping Magisteria(겹치지 않는 교도권. "과학의 일은 과학에, 나머지는 종교에 맡겨라"로 표현할 수 있는 개념)를 고려하는 것까지는 아니지만, 네 기사는 세계, 우주, 인간의 불안은 신비the numinous를 드러내고 경험한다는 점에 기꺼이 동의한다. 이것은 일종의 양보가 아니다. 왜냐하면 뉴먼numen(정신적·창조적 에너지)은 (몇몇 사전에서 설명하는 뜻에도 불구하고) 루멘lumen(빛)만큼이나, 또는 그보다 덜 매력적인 현상인 잔인함, 암, 살을 파먹는 박테리아만큼이나 신성의 존재를 암시하지 않기 때문이다.

이 모임이 빛나는 것은 사중주의 연주자들이 제각기 종교와 무신론, 과학과 이성에 대해 말하는 모든 의견이 현시대의 문제에도 똑같이 긴급하게 적용되기 때문이다. 도킨스, 해리스, 데닛, 히친스의 대화는 자유탐구, 자유사상, 생각의 자유로운 교환이 실질적이고 가시적인 열매를 맺는다는 사실을 되새겨준다. 이렇게 명백하고 결코 피할 수 없는 계몽주의 원리의 미래가 우리가 살아가는 동안 위협받을 수 있다고 누가 상상했겠는가? 그렇게 된 데는 양쪽으로 갈라진 오래된 정치 진영의 불관용 탓도 있지만, 우리 자신의 두려움과 나태함, 잘못된 대상을 향한 예의 탓도 있다. 이러한 실질적 위험 속에서 이 책이 출간된 것은 시의적절하고 반가운 일이다. 부디 새로운 세대가 네 기사의 매력적이고 빛나는 말, 자유롭고 품위 있게 교환되는 자유사상의 용기와 가치에서 영감을 받기를 바란다.

하나는 모두를 위해, 모두는 하나를 위해![*]

스티븐 프라이

---

[*] 사회 구성원이 모두 일치단결해 한 가지 목표를 추구하고 그 사회는 다시 각각의 구성원을 돌본다는 라틴어 격언Unus pro omnibus, omnes pro uno. 알렉상드르 뒤마가 쓴《삼총사》에 나오는 말이며, 스위스의 모토이기도 하다. - 옮긴이

DAWKINS

DENNETT

THE FOUR HORSEMEN

HARRIS

HITCHENS

종교의 오만, 과학의 겸손, 무신론의 지적·도덕적 용기

_리처드 도킨스

과학은 모든 것을 안다는 오만한 주장을 한다고 종종 비난받는다.
하지만 이러한 비난은 표적을 한참 빗나간 것이다.

Richard Dawkins

2004년부터 2007년까지 다섯 권의 베스트셀러가 이른바 신무신론 운동의 선봉으로 유명세를—그리고 몇몇 진영에서는 악명을—떨쳤다. 그 책들은 샘 해리스의 《종교의 종말》(2004)과 《기독교 국가에 보내는 편지》(2006), 대니얼 데닛의 《주문을 깨다》(2006), 내가 쓴 《만들어진 신》(2006), 그리고 크리스토퍼 히친스의 《신은 위대하지 않다》(2007)이다. 한동안 샘, 대니얼, 그리고 나는 '삼총사'로 불렸다. 그런 다음 크리스토퍼의 저서가 등장했을 때 우리는 '네 기사'*로 확장했다. 우리는 언론에서 붙이는 이러한 명칭에 책임이 없었지만 관계를 부인하지는 않았다. 그렇다고 서로 공모하지도 않았으며, 조직적으로 총을 든 적도 없다. 하지만 함께 묶이는 것에 반대하지 않았고, 아얀

---

* 〈요한묵시록〉에 등장하는 네 기사에서 착안한 별명. - 옮긴이

히르시 알리, 빅터 스텐저, 로렌스 크라우스, 제리 코인, 마이클 셔머, 앤서니 그레일링, 댄 바커 같은 존경받는 저자들과 기꺼이 함께했다.

2007년 9월에 무신론자국제연합Atheist Alliance International의 연례회의가 크리스토퍼 히친스의 연고지인 워싱턴 D.C.에서 열렸다. 로빈 엘리자베스 콘월이 리처드 도킨스 이성과 과학 재단을 대표해 네 기사가 한자리에 모이는 것을 계기로 공동 대담을 준비했고, 우리 재단의 전속 촬영기사가 그것을 찍기로 했다. 원래 계획은 아얀 히르시 알리가 다섯 번째이자 유일한 여성 기사로 참석해 '삼총사'에서 '네 기사'를 거쳐 '지혜의 다섯 기둥'이 될 예정이었다. 하지만 마지막 순간에 네덜란드 국회의원이던 아얀이 긴급히 네덜란드로 가게 되었다. 우리는 그녀가 빠져서 아쉬웠고, 2012년 멜버른에서 열린 세계무신론대회Global Atheist Convention에서 공동 대담이 다시 성사되었을 때 그녀가 생존한 세 기사와 합류하게 되어 기뻤다.[*] 놀라운 일은 아니었지만, 그녀의 참석으로 그날의 대화 주제는 어느 정도 이슬람교로 옮겨갔다.

2007년의 만남으로 돌아가면, 9월 30일 저녁 우리 네 사람은 크리스토퍼와 그의 아내 캐럴이 사는, 책으로 둘러싸인 널

●   https://www.youtube.com/watch?v=sOMjEJ3JO5Q

찍한 아파트에 모여 한 테이블에 둘러앉았다. 우리는 칵테일을 권하며 두 시간에 걸친 대화를 나누었고, 대담이 끝나고는 기억에 남을 만찬을 같이했다. 우리가 대화를 하는 모습을 찍은 영상은 리처드 도킨스 이성과 과학 재단의 유튜브 채널에서도 볼 수 있다.* 또한 리처드 도킨스 이성과 과학 재단은 녹화한 영상을 두 장의 DVD로 제작했으며, 이 책에 실린 텍스트는 그 대화를 받아 적은 것이다.

나는 토론에 사회자가 꼭 있어야 하는 것은 아니며, 흥미를 유발하고 결실을 맺는 데 기본적인 의견 차이나 논쟁이 항상 필요한 것은 아니라고 생각했는데, 그날의 대화로 내 생각이 옳았음이 입증되었다. 우리는 준비한 의제조차 없었다. 대화는 자연스럽게 흘러갔다. 그렇지만 아무도 대화를 독점하지 않았고, 우리는 상당히 많은 주제를 넘나들며 매끄럽게 얘기를 이어갔다. 두 시간이 순식간에 지나갔고 우리의 흥미는 식을 줄 몰랐다. 이런 식의 흐름에 맡기는 대화가 제3자에게도 재미있을까? 판단은 독자의 몫이다.

지금, 혹은 10년쯤 뒤 우리가 대화를 한다면 어떻게 다를까? 물론 그냥 넘길 수 없는 분명한 차이가 있다. 기억에 남는 그날의 저녁 모임을 주관한 친절한 집주인 크리스토퍼 히친스가

---

*   https://www.youtube.com/watch?v=n7IHU28aR2E

이제는 없다. 강하고 감미로운 저음의 목소리, 굉장한 학식, 문학과 역사를 인용하는 박식함, 신랄하면서도 예의 바른 위트, 새로운 문장의 첫 단어를 시작하기 전이 아니라 후에 극적으로 한 박자 쉬어 가는 것 같은 수사적 기술이 만들어내는 말의 리듬이 우리는 앞으로 얼마나 그리울까. 4자 대화를 그가 주도적으로 이끌었다고 말하지는 못하겠지만, 그는 확실히 대화의 흐름에 결정적 영향을 미쳤다.

나는 이 지면에서 지난 주제를 되풀이하는 대신, 지금 우리가 그러한 대화를 다시 한다면 내가 어떤 새로운 점을 지적할 것인지 생각해보기로 했다.

우리가 2007년에 논의한 많은 주제 가운데 하나는 겸손과 오만의 관점에서 종교와 과학이 어떻게 다른가였다. 종교는 독보적으로 확신에 넘치고 기함할 정도로 겸손이 부족하다고 비난받고 있다. 팽창하는 우주, 물리법칙, 미세 조정된 물리상수, 화학법칙, 느린 속도로 진행되는 진화. 이 모든 것의 결과로 140억 년이라는 오랜 시간에 걸쳐 우리가 존재하게 되었다. 우리가 원죄를 지니고 태어난 비참한 죄인이라는, 귀에 못이 박히도록 들은 주장도 사실 뒤집어보면 일종의 오만이다. 우리의 도덕적 행위에 어떤 우주적 의미가 있다고 가정하는 것은 대단한 자만이 아닐 수 없다. 마치 우주의 창조주는 벌점을 매기고 가산점을 더하는 것 이상의 일을 하지 않는 것처럼 들린다. 우주의 신경이 온통 내게 쏠려 있다니, 이거야말로 이해할 수 있는 한계를 넘어서는 오만이 아닌가?

칼 세이건은《창백한 푸른 점》*에서 먼 과거의 우리 조상들이 그러한 우주적 나르시시즘을 벗어나지 못한 것에 대한 변명을 한다. 머리 위를 덮는 지붕이 없고 인공조명도 없던 시절, 우리 조상들은 밤이면 머리 위를 맴도는 별을 관찰했다. 그 중심에는 무엇이 있었을까? 당연히 관찰자가 있었다. 그들이 우주의 '중심은 나'라고 생각한 것이 하나도 이상하지 않다. 다시 말해, 우주는 실제로 '나를 중심으로' 돌았다. 하지만 그러한 변명은 코페르니쿠스와 갈릴레오가 등장하면서 물거품이 되고 말았다.

그러면 이번에는 신학자의 지나친 확신을 보자. 자기 확신으로 17세기 대주교 제임스 어셔의 경지에 도달할 사람은 거의 없을 것이다. 그는 자신의 연대기에 너무도 확신한 나머지, 우주가 생긴 정확한 날짜까지 제시했다. 바로 기원전 4004년

•   Carl Sagan, 《Pale Blue Dot : A Vision of the Human Future in Space》, New York : Random House, 1994.

10월 22이었다. 10월 21일이나 23일이 아니라, 정확히 10월 22일 저녁이었다. 9월이나 11월이 아니라 10월이라고, 교회의 막강한 권위로 확실히 못 박았다. 4003년이나 4005년도 아니고, '기원전 4000년대나 5000년대의 어느 시점'도 아니고, 한 치의 의심도 없이 기원전 4004년이라고 말했다. 다른 사람들은 우주의 기원 시점에 대해 그렇게 정확하게 말하지 않는다. 무작정 지어내는 것은 신학자의 특징이다. 그들은 마음대로 지어내고 무한해 보이는 권위로 타인에게 그것을 강요한다. 때로는—적어도 이전 시대에는, 그리고 이슬람의 신정국가에서는 지금도—지키지 않으면 고문과 죽음의 처벌이 따른다고 위협한다.

그러한 독단적 정확성은 종교 지도자가 추종자들에게 부여하는 권위적 생활 규율에도 나타난다. 그리고 광적인 통제에 관한 한 이슬람은 타의 추종을 불허한다. 이란의 존경받는 '학자' 아야톨라 오즈마 사이드 모하마드 레다 무사비 골파이가니가 전한 《이슬람의 간략한 계명Concise Commandments of Islam》에서 엄선한 몇 가지 사례를 소개한다. 아기의 유모가 되는 일에 대해서만도 '쟁점issue'으로 번역되는 매우 구체적인 규칙이 스물세 개나 존재한다. 첫 번째로 쟁점 547을 보자. 나머지도 똑같이 정확하고, 독단적이고, 명백한 논리적 근거가 없기는 마찬가지이다.

쟁점 560에 명시된 조건에 따라 한 여성이 어떤 아이의 유모가 된다면, 그 아이의 아버지는 유모의 친딸과 결혼할 수 없고, 젖의 소유자인 유모 남편의 친딸과도 결혼할 수 없다. 자기 소유의 젖을 먹고 자란 여성과도 결혼할 수 없다. 하지만 그 유모의 젖을 먹은 여성과는 결혼할 수 있다.

유모 항목에 나오는 또 다른 사례인 쟁점 553을 보자.

한 남성은, 만일 그의 아버지의 아내가 아버지 소유의 젖을 어떤 여자아이에게 먹였다면 그 여자아이와 결혼할 수 없다.

'아버지 소유의 젖'이라고? 그게 무슨 말인가? 여성이 남편의 재산인 문화에서라면 '아버지 소유의 젖'이라는 표현이 생각만큼 이상하지 않다.

쟁점 555도 의아하기는 마찬가지이다. 이번에는 '형제 소유의 젖'에 관한 규정이다.

한 남성은 누나 또는 여동생이 젖을 먹인 여자아이, 또는 형제의 아내(형수 또는 제수)가 형제 소유의 젖(형 또는 남동생 소유의 젖)을 먹여 키운 여자아이와는 결혼할 수 없다.

리처드 도킨스

유모에 대한 이 소름 끼치는 집착이 어디서 비롯되었는지 나는 모르지만, 《성경》에 근거가 없지는 않다.

《코란》이 처음 계시되었을 때, 한 아이를 가족으로 만드는 수유 횟수는 열 번이었지만, 그런 다음에 이것이 폐기되고 잘 알려져 있는 다섯 번으로 대체되었습니다.[*]

이것은 또 다른 '학자'가 최근 소셜 미디어상에서 (그럴 수밖에 없는) 혼란에 빠진 여성에게 받은, 다음과 같은 진심 어린 호소cri de coeur에 대해 답변한 내용의 일부였다.

저는 시동생의 아들에게 한 달 동안 젖을 먹였고, 제 아들은 시동생 부인(동서)의 젖을 먹었습니다. 제게는 동서의 젖을 먹은 아이보다 먼저 태어난 아들과 딸이 있습니다. 동서도 제 젖을 먹은 아기보다 먼저 태어난 두 아이가 있습니다. 그 아이를 가족으로 만드는 수유의 종류를 설명해주시고, 나머지 자식들에게 적용되는 규칙을 알려주시기를 바랍니다. 감사합니다.

'다섯 번'의 수유와 같은 정확한 규칙은 종교가 보이는 광적

---

[*] https://islamqa.info/en/27280

통제에 전형적으로 나타나는 특징이다. 그것은 2007년에 카이로의 알아즈하르대학교 강사인 이자트 아티야 박사가 제출한 파트와fatwa*에서 기이한 형태로 드러났다. 아티야 박사는 남성과 여성 동료가 단둘이 있는 것을 금지하는 규정에 대해 고민하다가 독창적 해법을 내놓았다. 여성 동료가 남성 동료에게 "자신의 유방으로부터 직접" 적어도 다섯 번 젖을 먹여야 한다는 것이다. 이렇게 하면 두 사람은 '친족'이 되므로 그들은 일터에서 단둘이 있어도 된다. 네 번은 충분하지 않다는 점에 주목하라. 그는 농담으로 이런 말을 한 게 아니었다. 어쨌거나 그는 격렬한 항의에 부딪혀 자신의 파트와를 철회했다. 대체 어떻게 이렇게 비상식적이고 명백히 부적절한 규칙에 얽매여 살 수 있을까?

이제 한시름 놓고 과학을 보자. 과학은 모든 것을 안다는 오만한 주장을 한다고 종종 비난받는다. 하지만 이러한 비난은 표적을 한참 빗나간 것이다. 과학자들은 답을 모르는 질문을 좋아한다. 그것이 할 일과 생각할 거리를 제공하기 때문이다. 우리는 모르는 것은 모른다고 떳떳하게 말하고, 그것을 알기 위해서는 뭘 해야 하는지 신이 나서 떠들어댄다.

생명은 어떻게 시작되었을까? 나도 모르고 아무도 모른다.

---

* 이슬람법의 해석과 적용을 둘러싸고 권위 있는 법학자가 제출하는 의견. - 옮긴이

우리는 그것을 알고 싶다. 그래서 열심히 가설을 교환하고, 그 가설을 조사할 방법을 제안한다. 약 2억 5,000만 년 전 페름기 말에 대멸종을 일으킨 원인이 무엇이었을까? 우리는 그 답을 모르지만, 생각해볼 만한 흥미로운 가설들을 세웠다. 인류와 침팬지의 공통 조상은 어떻게 생겼을까? 그것은 모르지만 몇 가지 단서가 있다. 공통 조상이 살던 대륙(다윈은 아프리카라고 추측했다)을 알고 있고, 공통 조상이 대략 언제(600만~800만 년 전) 살았는지 알려주는 분자 증거도 있다. 암흑 물질은 무엇인가? 이 역시 모르지만, 물리학계의 상당수가 그것을 알고 싶어 한다.

과학자에게 무지란 긁어주기를 바라는 가려움증과 같다. 당신이 만일 신학자라면, 무지는 뻔뻔하게 뭔가를 지어내어 없애버려야 할 어떤 것이다. 만일 당신이 교황처럼 권위 있는 인물이라면, 그렇게 하기 위해 혼자 조용히 생각에 잠겨 머릿속에 답이 떠오르기를 기다릴 것이다. 그리고 답이 떠오르면 그것을 '계시'로 공표한다. 아니면, 당신보다 더 모르는 사람이 쓴 청동기시대 문헌을 '해석'할지도 모른다.

교황은 자신의 사적인 의견을 '도그마'로 널리 알릴 수 있는데, 그러기 위해서는 오랜 시간에 걸쳐 상당수 가톨릭 신자의 지지를 받아야 한다. 과학자로서는 이해할 수 없지만, 한 의견에 대한 믿음에 오랜 전통이 있다는 것은 그 의견이 진리라는 증거로 간주된다. 1950년에 교황 비오 12세는 (사람들은 그를 무정하게도 '히틀러의 교황'이라고 부른다) 예수의 어머니 마리아가 죽어서 영혼만이 아니라 육신도 함께 하늘나라로 들어 올림을 받았다는 교의를 보급했다. 육신도 승천했다는 것은 마리아의 무덤을 열어보면 텅 비어 있을 것이라는 의미이다. 교황의 이러한 추론은 증거와는 아무런 관계가 없었다. 그는 〈고린도전서〉 15장 54절 "사망을 삼키고 이기리라고 기록된 말씀이 이루어지리라"를 인용했다. 이 구절에는 마리아에 대한 언급이 없다. 〈고린도전서〉의 저자가 마리아를 염두에 두었다고 추정할 만한 근거는 어디에도 없다.

이번에도 우리는 텍스트를 가져다 다른 어떤 것과 모호하고 상징적이고 그럴듯한 관계가 있는 것처럼 해석하는 신학자의 전형적인 수법을 보게 된다. 수많은 종교적 믿음이 그렇듯이, 비오 12세의 교의도 마리아처럼 신성한 존재에 적합한 것이 무엇인가라는 느낌에 적어도 얼마간은 의존했을 것이다. 하지만 일리노이대학교의 존 헨리 뉴먼 가톨릭사상연구소 소장인 케네스 하월 박사에 따르면, 교황이 이 교의를 보급한 동기는 다른 의미의 적합성에서 비롯했다. 1950년 당시 전 세계는 제2차 세계대전의 폐허에서 회복하는 중이었고, 따라서 치유와 위안의 메시지가 절실히 필요했다. 하월은 교황의 말을 인용한 다음, 자신의 해석을 제시한다.

비오 12세는 성모승천에 대한 묵상이 신자들로 하여금 인류가 하나의 가족으로서 똑같이 존엄하다는 사실을 더욱 자각하게 만들기를 바라고, 이러한 희망을 분명하게 표현한다. …… 어떻게 하면 인간이 자신의 초자연적 최후에 시선을 고정하고 동료 인간의 구원을 바라게 될까? 성모승천이 인류의 존엄을 되새기고 그런 마음을 지니도록 촉진한 것은 성모승천이 마리아의 지상에서의 삶과 분리될 수 없기 때문이다.

신학자의 마음이 어떻게 작동하는지를 보면 정말 신기하다. 무엇보다도 사실적 증거에 관심이 없다는 점이 그렇다. 그들은 실로 사실적 증거를 경멸한다. 마리아의 육신이 하늘로 올라갔다는 증거가 있느냐 없느냐는 그들에게 중요하지 않다. 사람들이 그렇다고 믿으면 그만이다. 신학자들이 일부러 거짓을 말하는 것은 아니다. 그들은 마치 진실이 무엇인지 개의치 않고, 진실에는 관심이 없으며, 심지어 진실의 의미가 무엇인지도 모르는 것 같다. 그들은 진실을 상징적 또는 신비적 의미보다 못한 지위로 강등시킨다. 그런데 한편으로 가톨릭교도들은 이러한 지어낸 '진실'을 억지로 믿을 수밖에 없다. 그들은 억지로 믿는 것이 분명하다. 비오 12세가 성모승천을 교의로 공포하기 전에도 18세기 교황 베네딕토 14세가 마리아의 승천은 "유망한 견해로서 그것을 부정하는 것은 불경스럽고 신성모독적"이라고 선언했다. "유망한 견해"를 부정하는 것이 "불경스럽고 신성모독적"이라면, 확실한 교의를 부정할 때는 어떤 처벌이 따를지 불 보듯 훤하다! 그리고 역사적 증거가 전혀 없음을 스스로도 시인하는 '사실들'을 주장할 때 종교 지도자들이 보이는 뻔뻔한 확신에 다시 한번 주목하라.

《가톨릭 백과사전》은 확신에 넘치는 궤변을 모아놓은 책이다. 연옥은 죽은 자가 천국에 들어가기 전 자신의 죄에 대한 벌을 받는(씻김을 받는) 하늘나라의 대기실 같은 장소이다.《가톨릭 백과사전》의 연옥 항목에는 '오류error'에 관한 긴 세부 항목이 있는데 알비주아파, 왈도파, 후스파, 사도 형제회 같은 이단의 잘못된 견해가 (놀랍지 않게도) 마르틴 루터와 장 칼뱅의 견해와 함께 열거되어 있다.*

《성경》에서 찾은 연옥의 증거는 가히 '창의적'이라고 할 만하다. 이번에도 신학자들의 흔한 수법인 모호하고 교묘한 유비추리**가 등장한다. 예컨대《가톨릭 백과사전》은 "의심을 품은 모세와 아론을 신은 용서했지만 벌로써 그들을 '약속의 땅'에 들어가지 못하게 했다"고 지적하고, 그러한 추방은 연옥을 암시하는 일종의 은유로 간주된다. 더 섬뜩한 예도 있다. 다윗

---

*   https://www.catholic.org/encyclopedia/view.php?id=9745
**   두 개의 존재 또는 사물이 여러 면에서 비슷하다는 것을 근거로 다른 속성도 유사할 것이라고 추론하는 일. - 옮긴이

이 히타이트 사람 우리아를 죽음으로 내몰아 우리아의 아름다운 아내와 결혼할 수 있게 되었을 때 신은 그를 용서했지만 무죄를 선언한 것은 아니었다. 신은 그 결혼으로 태어난 자식을 죽였다(〈사무엘하〉 12장 13~14절). 무고한 아이에게 너무 심한 처사라는 생각이 들 것이다. 하지만 이 일화는 부분적 처벌인 연옥을 암시하는 유용한 은유처럼 보이고, 《가톨릭 백과사전》의 저자들이 이것을 간과할 리 없다.

연옥 항목에서 '증명proofs'이라 부르는 세부 항목은 흥미로운데, 그것이 일종의 논리를 사용한다고 표명하기 때문이다. 그 논리라는 게 어떤 식인지 보자. 만일 죽은 사람이 하늘나라로 곧장 간다면 우리가 그의 영혼을 위해 기도해도 소용이 없다. 그런데 우리는 그의 영혼을 위해 기도하지 않는가? 그러므로 그는 하늘나라로 곧장 올라가는 것이 아니다. 따라서 연옥이 존재하는 것이 틀림없다. 이상으로 증명 끝. 신학 교수들이 정말 이런 일을 하고 월급을 받는다고?

이 정도로 하고, 다시 과학으로 가보자. 과학자들은 답을 모르면 모른다고 말한다. 하지만 답을 알면 안다고 말하고, 그것을 선언하는 데 쭈뼛거리지 않는다. 증거가 확실할 때 알려진 사실을 말하는 것은 오만이 아니다. 물론 과학철학자들은 사실이라는 것은 언젠가는 오류로 판명될 수 있으나 지금까지는 반증하려는 끈질긴 시도를 견뎌낸 가설에 불과하다고 말한다.

맞는 말이고 동의하지만, 갈릴레오가 중얼거린 "지구는 돈다 eppur si muove"에 경의를 표하며 스티븐 제이 굴드의 지당한 말씀을 되새겨보자.

> 과학에서 '사실'은 '잠정적 승인을 보류하는 것이 이상할 정도로 확인되었음'을 뜻한다. 내일부터 사과가 하늘로 떠오를지도 모른다고 생각하는 것은 자유지만, 그 가능성은 물리학 수업 시간에 동일한 시간을 할애받을 가치가 없다.*

이런 의미에 비추어 사실이라고 말할 수 있는 것은 다음과 같다. 이 중 어떤 것도 신학적 추론에 바친 수백만 시간에서 눈곱만큼의 덕도 보지 않았다. 우주는 130억~140억 년 전에 시작되었다. 태양과, 지구를 포함해 그 궤도를 도는 행성들은 약 45억 년 전에 원반 모양으로 회전하는 가스, 먼지, 잔해가 응축되어 생겼다. 세계지도는 수천만 년의 시간이 흐르면서 바뀌었다. 우리는 대륙들의 대략적인 모양을 알고 있고, 지질 역사의 특정 시기에 그 대륙들이 어디에 있었는지도 안다. 또한 우리는 앞날을 내다볼 수 있어서, 미래의 변화한 모습대로 세계

●　Stephen Jay Gould, 'Evolution as fact and theory', in 《Hen's Teeth and Horse's Toes》, New York: W. W. Norton, 1994.

지도를 그릴 수 있다. 우리는 밤하늘의 별자리가 우리 조상들에게 얼마나 다르게 보였을지 알고, 우리 후손들에게 어떻게 보일지도 안다.

우주의 물질은 개별 천체에 비임의적 방식으로 분포되어 있다. 다수의 천체는 각기 자체 축을 중심으로 회전하고, 수학 법칙에 따라 다른 천체 주변의 타원형 궤도를 돈다. 우리는 그러한 수학 법칙에 의거해 일식이나 월식, 천체 통과 같은 주목할 만한 사건들이 언제 일어나는지 정확하게 예측할 수 있다. 항성, 행성, 미행성체, 울퉁불퉁한 암석 덩어리 같은 천체들이 모여 은하를 이루는데, 이러한 은하는 수십억 개가 존재한다. 은하들은 은하 내부 (수십억 개) 항성들 사이의 (이미 충분히 먼) 간격보다 몇 자릿수나 먼 거리만큼 떨어져 있다.

물질은 원자로 구성되었다. 원자 종류는 한정되어서 100개 정도의 원소가 존재한다. 우리는 각 원소의 평균 원자 질량을 알고 있고, 왜 어느 한 원소가 질량이 약간 다른 방사성동위원소를 하나 이상 가질 수 있는지도 안다. 화학자들은 원소들이 어떻게 그리고 왜 결합해 분자를 이루는지에 대한 거대한 지식 체계를 보유하고 있다. 살아 있는 세포 내에는 수천 개의 원자로 구성된 매우 거대한 분자들이 있다. 이러한 거대분자 안의 원자들은 잘 알려져 있는 정확한 공간 구조를 이룬다. 거대분자의 정확한 구조를 알아낸 방법은 가히 천재적이다. 물질의 결정 구조 속으로 엑스선을 쬐어 그것이 흩어지는 형상을 꼼꼼하게 측정하는 것이다. 이 방법으로 발견한 거대분자들 가운데 하나가 바로 생명의 보편적 유전물질인 DNA이다. 또 하나의 거대분자군인 단백질의 모양과 성질에 영향을 미치는 DNA의 엄격한 디지털 부호가 낱낱이 밝혀졌다. 단백질은 생명이라는 기계를 만드는 정교한 도구이다. 그러한 단백질이 배胚 발생 과정에서 세포의 행동에 어떤 식으로 영향을 미치는지, 그래서 모든 생명의 형태와 기능에 어떤 식으로 영향을 미치는지에 대한 연구가 진행 중이다. 많은 것이 밝혀졌고 아직많은 부분이 밝혀져야 할 과제로 남아 있다.

모든 동물 개체의 모든 유전자에 대해, 우리는 그 유전자의 DNA 부호를 이루는 문자(염기)들의 정확한 서열을 작성할 수 있다. 이는 두 개체 사이에 차이가 있는 단일 문자(염기)가 몇 개인지 정확하게 셀 수 있다는 뜻이다. 이것은 두 개체의 공통 조상이 얼마나 오래전에 살았는지 알아낼 수 있는 유용한 방법이 된다. 종 내의 비교도 가능하다. 예를 들면 당신과 버락 오바마의 차이를 알아낼 수 있다. 또한 당신과 땅돼지aardvark처럼 서로 다른 종을 비교하는 것도 가능하다. 공통 조상이 살던 시기가 멀수록 더 많은 차이가 존재한다. 이러한 정확성은 사기를 높이고 우리 종인 호모사피엔스Homo sapiens의 자부심을 정당화한다. '슬기로운 사람'을 뜻하는 린네의 학명 호모사

　　　　　　　　　　　　　　　　　　　리처드 도킨스

피엔스가 이번만큼은 자만을 부리지 않고도 정당해 보인다.

자만심은 정당한 이유가 없는 자부심이다. 자부심에는 정당한 이유가 있다. 과학에 대해서는 정말 자부심을 가질 만하다. 베토벤, 셰익스피어, 미켈란젤로, 크리스토퍼 렌에 대해서도 마찬가지이다. 하와이와 카나리아제도에서 남반구 하늘에 있는, 눈에 보이지 않는 천체들을 관측하는 거대한 전파망원경과 매우 큰 장비들을 건설한 공학자들, 그리고 허블 우주 망원경과 그 망원경을 지구 궤도로 쏘아 올린 우주선을 만든 공학자들도 마찬가지이다. 유럽입자물리연구소CERN의 지하 깊숙한 곳에 자리 잡고 있는 공학 장치들(입자 검출기)의 어마어마한 크기와 극도의 정확성은 내가 그곳을 둘러볼 때 말 그대로 눈물을 흘리게 했다. 혜성이라는 작은 표적에 탐사 로봇을 성공적으로 연착륙시킨 로제타 우주 탐사의 공학, 수학, 물리학도 내가 인간인 것을 자랑스럽게 만든다. 언젠가 같은 기술의 변형된 버전이 공룡을 죽인 것 같은 위험한 혜성의 경로를 바꾸어 지구를 구할지도 모른다.

레이저 간섭계 중력파 관측소LIGO가 진폭이 양성자 지름의 1,000분의 1 수준인 중력파 신호를 루이지애나주와 워싱턴주에서 동시에 포착했다는 소식을 들을 때 누가 인간으로서 자부심을 느끼지 않겠는가? 이 대단한 측정은 우주론에 엄청난 의미를 지니는 것으로, 지구에서 켄타우루스자리의 프록시마

켄타우리까지의 거리를 사람 머리카락 한 올의 정확도로 측정하는 것과 같다.

양자 이론을 실험적으로 검증할 때도 이에 필적할 만한 정확도가 달성된다. 한 이론의 예측을 실험을 통해 반박할 수 없을 만큼 확실하게 증명하는 능력과, 이론 자체를 마음속으로 그려 보는 능력은 일치하지 않는데, 여기서 흥미로운 사실이 드러난다. 인간의 뇌는 아프리카 사바나가 제공하는 정도의 공간 규모에서 물소 크기의 사물이 사자의 속도로 움직이는 것을 이해하도록 진화했다. 인간의 뇌는 사물들이 아인슈타인의 체계(상대성원리) 속 공간을 아인슈타인 체계 속의 속도로 움직일 때 일어나는 일, 또는 너무 작아서 '사물'이라는 이름을 붙이기도 힘든 사물들의 이상한 성질을 직관적으로 이해할 수 있게끔 진화하지 않았다. 하지만 진화한 뇌의 창발적 능력 덕분에 우리는 수학 체계의 결정체를 구축할 수 있었고, 그것으로 직관적 이해의 레이더망에 포착되지 않는 실체들의 행동을 정확하게 예측한다. 유감스럽게도 나는 우리 종의 수학적 재능을 타고나지 못했지만, 이러한 능력 또한 내가 인간인 것을 자랑스럽게 만든다.

일상에서 우리 주변을 둘러싸고 계속 진보하는 기술도 그처럼 높고 원대하지는 않지만, 여전히 자부심을 느끼게 한다. 여러분이 사용하는 스마트폰, 노트북 컴퓨터, 자동차의 위성항법장치와 거기에 정보를 제공하는 위성, 자동차 자체, 그리고 차체 무게에다 승객과 화물에 더해 11만 킬로미터의 거리를 열세 시간 동안 운항하기 위한 120톤의 연료까지 들어 올릴 수 있는 대형 여행기.

3D 프린터는 아직 익숙하지 않지만 곧 익숙해질 기술이다. 컴퓨터는 체스의 말인 비숍 같은 고체 사물을, 2차원 면을 층층이 쌓아 올리는 방식으로 '프린트'한다. '3D 프린팅'의 생물학 버전인 배 발생과는 근본적으로 다른 흥미로운 과정이다. 3D 프린터는 현존하는 사물의 정확한 사본을 만들 수 있다. 한 가지 기법은 그 사물을 온갖 각도에서 찍은 사진들을 컴퓨터에 입력하는 것이다. 컴퓨터는 엄청나게 복잡한 계산을 통해 여러 각도에서 찍은 모습을 통합해 그 고체의 모양을 있는 그대로 합성한다. 3D 프린터처럼 몸을 스캔하는 방식으로 자식을 만드는 생명 형태가 우주 어딘가에 있을지도 모르지만, 우리의 번식 방법은 그것과는 다르고 우리에게 유익하다. 그런 점에서 보면 모든 생물학 교과서에서 DNA를 생명의 '청사진'으로 묘사하는 것은 심각하게 잘못되었다. DNA가 단백질의 청사진일 수는 있지만 아기의 청사진은 아니다. 오히려 레시피나 컴퓨터 프로그램에 더 가깝다.

우리가 과학을 통해 알아낸 지식의 양과 내용을 찬양하는 것은 오만도 자만도 아니다. 단지 반박할 수 없는 진실을 있는 그대로 말하고 있을 뿐이다. 또한 우리는 아직 모르는 것이 얼마나 많은지도 있는 그대로 시인한다. 이것은 자만과 오만의 정반대이다. 과학은 우리가 알고 있는 지식의 양과 내용에 막대한 기여를 했으면서도, 우리가 모르는 것을 솔직히 말하는 겸손한 태도를 지니고 있다. 이와 달리 종교는 우리가 알고 있는 것에 말 그대로 아무것도 기여하지 않았으면서도 자신이 지어낸 '이른바' 사실이라는 것에 오만에 가까운 확신을 가지고 있다.

하지만 나는 무신론과 종교의 차이점 가운데 덜 명백한 점을 추가로 지적하고 싶다. 나는 무신론적 세계관이 지적 용기라는 잘 알려지지 않은 미덕을 지니고 있다고 주장하고 싶다. 다른 이야기처럼 들릴지도 모를 이야기로 시작해보겠다.

프레드 호일의 《검은 구름》*은 내가 지금껏 읽은 최고의 과학소설 가운데 하나인데(몹시 불쾌한 주인공에도 불구하고), 좋은 과학소설이 어때야 하는지를 보여준다. 재미있으면서도 정보를 제공하고, 실제 과학에 대한 생각의 폭을 넓혀주는 것이다. 검은 구름은 초인적 지능을 지닌 외계 생명체로, 태양에너지를 먹기 위해 태양 주위의 궤도에 살고 있다. 과학자들은 결국 교신에 성공하고, 그때부터 파란만장한 드라마가 펼쳐진다. 소설의 절정에서 과학자들은 검은 구름에게 지식을 전달해달라고 요청한다. 그 물리학자들의 지식이 아리스토텔레스의 지식

●　　Fred Hoyle, 《The Black Cloud》, London : Heinemann, 1957.

을 능가하듯이 검은 구름의 지식은 물리학자들의 수준을 훨씬 능가한다. 검은 구름은 요청을 받아들이지만, 지식을 전할 때 사용할 섬광 부호는 한 번에 한 사람을 겨냥할 때 가장 효과적이라고 설명한다. 명석한 젊은 물리학자 데이브 웨이차트가 그 중책을 맡겠다고 자청한다. 결국 그는 혼수상태에 빠지고, 다시는 회복하지 못한 채 뇌 과열로 숨진다. 이 소설 주인공인 천체물리학자 크리스토퍼 킹즐리에게도 더 오랜 씨름 끝에 같은 일이 일어난다. 인간의 뇌는, 심지어 세계 최고 물리학자의 뇌조차 초인적 지식을 감당할 준비가 되어 있지 않다.

검은 구름은 긴급한 임무를 띠고 은하의 다른 곳으로 떠난다. 그러면서 그는 이렇게 설명한다. 자신의 막대한 지식에도 불구하고 우주에는 난해한 문제deep problem라는 딱지가 붙은 특정한 문제들이 존재하는데, 그것은 자신조차 이해할 수 없는 것이라고. 모든 훌륭한 과학자가 그렇듯이 초인적인 검은 구름은 자신이 모르는 것을 겸손하게 인정한다. 검은 구름이 떠나는 이유는, 몇 광년 떨어진 곳에 사는 이웃 검은 구름이 난해한 문제에 대한 해법을 발견했다고 발표한 뒤로 더 이상 소식을 전하지 않았기 때문이다. 우리의 검은 구름은 그의 가장 가까운 이웃으로서 직접 찾아가 무슨 일이 일어났는지 알아봐야겠다는 의무감을 느꼈다. 해법을 발견한 검은 구름은 죽었을까? 아니면 살아남아 오랫동안 찾아온 난해한 문제에 대한 해답을 전달할까? 독자는 그 이웃 구름이 웨이차트와 킹즐리를 죽인 치명적인 과열의 업그레이드 버전으로 인해 죽었을 것이라고 짐작하게 된다.

우리에게 난해한 문제는 무엇일까? 우리의 이해가 영원히 미치지 않을지도 모르는 질문들은 무엇일까? 19세기에 '복잡한 생명체가 어떻게 생겨나 다양화했는가?'라는 의문이 첫 번째 난해한 문제로 떠올랐지만, 그 문제는 다윈과 그의 후계자들이 명확하게 해결했다. 나는 남아 있는 난해한 질문은 이런 것이라고 생각한다. "뇌는 어떻게 주관적 의식을 만들까?" "물리법칙은 어디서 오는가?" "기본적인 물리상수는 어떻게 정해지고, 왜 그 상수가 우리를 탄생하도록 미세 조정되어 있는 것처럼 보일까?" "그리고 왜 아무것도 없는 대신 무언가가 존재할까?" 과학이 (아직) 이러한 질문에 답할 수 없다는 사실은 과학의 겸손을 나타내는 증거이다. 이것이 종교가 이 질문들에 답할 수 있다는 뜻은 절대 아니다. 과학은 다음 세기에 이러한 난해한 문제들을 풀 수도 있고 풀지 못할 수도 있다. 하지만 과학이—초인적 지능을 지닌 외계인의 과학도 포함해—이 난해한 질문들에 답할 수 없다면 그 무엇도 할 수 없다. 신학은 확실히 할 수 없다.

조금 전에 나는 무신론적 세계관의 지적 용기에 대해 지적하겠다고 말했는데, 이제부터 그것을 '난해한 문제'와 연결해 말해보겠다. 왜 아무것도 없는 대신 뭔가가 존재할까? 우리의

　　　　　　　　　　　　　　　　　　리처드 도킨스

물리학자 동료인 로렌스 크라우스는 자신의 저서 《무로부터의 우주》*에서 논란의 여지가 있는 가설을 제시했다. 양자 이론적 이유로 '무Nothing(그는 일부러 대문자로 표기했다)'는 불안정하다는 것이다. 물질과 반물질이 서로를 소멸시켜 무를 만들듯이 그 반대도 일어날 수 있다. 무작위 양자 요동으로 인해 물질과 반물질이 무에서 자연 발생하는 것이다. 크라우스를 비판하는 사람들은 주로 '무'의 정의에 초점을 맞춘다. 그가 말하는 '무'는 모든 사람이 알고 있는 '무'가 아닐지도 모르지만, 적어도 극도로 단순한 상태이다. 우주 팽창이나 진화 같은 '기중기crane' 설명(대니얼 데닛의 표현)**의 토대가 될 수 있으려면 단순해야 하기 때문이다. 크라우스의 '무'는 그 뒤의 세계에 비해 단순하다. 그리고 그 세계를 전개시켜 나간 과정들은 현재 대체로 잘 이해되어 있다. 알다시피 빅뱅, 우주의 팽창, 은하의 형성, 별의 형성, 별 내부에서의 원소 형성, 원소를 우주에 뿌린 초신성 폭발, 풍부한 원소를 가진 먼지구름이 지구 같은 암석 행성으로 응축되는 과정, 화학법칙과 (적어도 지구상에서는) 그 법칙에 따라 생겨난 자기 복제하는 최초의 분자, 자연선택

Lawrence M. Krauss, 《A Universe from Nothing: Why There is Something rather than Nothing》, New York: Free Press, 2012.

•• 데닛은 적응적 형질을 차곡차곡 쌓아 정교한 생명체를 만드는 자연선택 메커니즘을 기중기에 비유한다. 이에 반해 창조론은 공중에 떠서 구조물을 만드는, 현실에 존재하지 않는 기계 장치인 '스카이훅skyhook'에 비유한다. – 옮긴이

에 의한 진화, 그리고 현재 적어도 원리상으로는 이해 가능한 온갖 생물학 원리이다.

왜 내가 지적 용기를 거론했을까? 왜냐하면 나 자신의 마음을 포함해 인간의 마음은 생명처럼 복잡한 것과 팽창하는 우주의 나머지 존재들이 '우연히 생길' 수 있었다는 생각을 감정적으로 거부하기 때문이다. 감정적 의심을 떨치고, 논리적으로 다른 대안이 없음을 스스로에게 납득시키기 위해서는 지적 용기가 필요하다.

더 작은 규모에서 보면, 세계적 마술사 제이미 이언 스위스나 데런 브라운, 또는 펜과 텔러의 정말로 훌륭한 속임수를 볼 때 느끼는 감정과 비슷하다. 감정은 이렇게 소리친다. "그건 기적이야! 초자연적 현상일 수밖에 없어." 그러잖아도 목소리가 작은 이성의 소리는 거의 들리지 않는다. "아냐, 저건 속임수일 뿐이야. 합리적 설명이 존재해." 여전히 작은 그 목소리는 (내 상상 속에서는) 데이비드 흄의 인내심 있는 스코틀랜드 말투를 띤다. "불가능한 일이 일어난 것과 마법사가 당신을 속인 것 중에 어느 쪽이 더 있을 법한 일일까?" 그 속임수가 어떻게 일어났는지 이해하지 않아도 용기 있는 이성의 도약을 통해 다음과 같이 말할 수 있다. "이해하기는 어렵지만 그것이 속임수라는 건 알아. 물리법칙은 확실해."

마술 묘기에서 우주로 옮겨가보자. 이번에도 감정은 이렇게

리처드 도킨스

소리친다. "아냐, 도저히 믿을 수 없어! 나와 나무, 대보초(그레이트배리어리프)와 안드로메다은하, 완보동물의 발톱을 포함해 우주 전체가 감독자도 설계자도 없이 원자들의 무작위 충돌로 인해 생겨났다는 것을 나더러 믿으라고? 설마 농담이겠지. 이 모든 복잡하고 찬란한 것이 무에서, 무작위 양자 요동에서 비롯했다고? 말도 안 돼." 이번에도 이성은 조용하고 침착하게 대답한다. "연쇄적인 단계들의 대부분이 지금은 잘 이해되어 있지만 최근까지 그렇지 못했지. 생물학적 단계들은 1859년부터 밝혀지기 시작했어. 하지만 더 중요한 것은, 설령 우리가 모든 단계를 결코 이해하지 못한다 해도 다음과 같은 원리는 절대 바뀌지 않는다는 점이야. 즉, 네가 설명하려는 실체가 아무리 있을 법하지 않아도, 창조주를 상정하는 것은 도움이 안 된다는 거야. 창조주 자체도 정확히 똑같은 설명이 필요하기 때문이지." 단순한 것의 기원을 설명하는 일이 아무리 어렵다 해도, 복잡성의 자연발생은 이보다 훨씬 더 있을 법하지 않은 일이다. 그렇다면 우주를 설계할 수 있는 창조적 지능은 이와는 비할 바 없이 있을 법하지 않은 일이며 그 자체로 설명이 필요하다. 존재의 수수께끼에 대한 자연주의적 설명이 아무리 불가능하게 들린다 해도, 신학적 대안은 더더욱 불가능하다. 하지만 이러한 결론을 받아들이기 위해서는 용기 있는 이성의 도약이 필요하다.

내가 무신론적 세계관에는 지적 용기가 필요하다고 말한 것은 이런 의미였다. 그리고 무신론적 세계관에는 도덕적 용기도 필요하다. 무신론자가 된 당신은 상상의 친구를 버리고, 당신을 어려움에서 구해주는 하늘의 아버지라는 버팀목을 포기한다. 당신은 결국 죽을 것이고, 세상을 떠난 사랑하는 사람들을 다시는 보지 못할 것이다. 당신에게 무엇을 하면 될지 말해주고, 무엇이 옳고 그른지 알려주는 신성한 책은 존재하지 않는다. 당신은 지적 성인이다. 당신은 삶을 직시하고 도덕적 결정을 스스로 내려야 한다. 하지만 그러한 성인의 용기에는 위엄이 있다. 당신은 똑바로 서서 현실의 혹독한 바람을 맞는다. 하지만 당신은 혼자가 아니다. 따뜻하게 당신을 감싸줄 사람들이 있다. 과학 지식과 응용과학이 가져다주는 물질적 위안뿐 아니라, 미술과 음악, 법, 도덕에 대한 문명화된 담론을 생산한 문화적 유산이 있다. 도덕과 삶의 척도는 지적인 설계—실제로 존재하는 지적인 사람들에 의한 설계—에 의해 창조될 수 있다. 무신론자들은 경이롭고 기가 막히게 잘 해명될 수 있는 실재를 있는 그대로 받아들일 지적 용기가 있다. 무신론자로서 당신은 당신이 살아갈 유일한 인생을 온전하게 살 도덕적 용기가 있다. 실재를 온전히 살고 누릴 용기, 그리고 당신이 왔을 때보다 더 나은 세상을 만들고 떠나기 위해 최선을 다할 용기가 있다.

리처드 도킨스

DAWKINS
DENNETT
HARRIS
HITCHENS

이웃에
'커밍아웃'하라
수가 많으면
강해진다

_대니얼 데닛

우리의 토론 기록에서 획일적 공통 신조나 정치적 이유로
은폐된 어떤 모순을 찾아내려는 사람은 빈손으로 돌아갈 것이다.

◆

Daniel Dennett

공개적 행동의 효과는 오판되기 쉽다. 그 영향이 과대평가되어 이미 수면 아래 들끓고 있던 어떤 추세에 대한 공적을 부당하게 가로채기 쉽다. 사람들은 우리 네 사람의 모임이 전 세계의 교회를 텅 비우고 있는 '거대한 반발Great Reaction'이라 불릴 만한 현상의 촉매가 되었다고 강조하곤 했다. 흐뭇한 말이기는 하지만, 우리 중 누구도 그런 단순한 견해를 지지해본 적이 없다. 정반대의 오판도 마찬가지로 쉽다. 적절한 시기에 적절한 장소에서 표명한 드문 선언이 할 수 있는 지원 역할을 과소평가하는 것이다. 오늘날 밈meme은 빛의 속도로 퍼질 수 있다. 물론 전 세계에서 사용하는 인터넷과 그것을 보조하는 장치들(그리고 라디오와 텔레비전도 잊지 마라)이 가져온 새로운 투명성 덕분이다.

매사추세츠공과대학교MIT의 미디어랩 교수인 뎁 로이와 나

는 몇 년 전 〈사이언티픽 아메리칸Scientific American〉의 한 기사
에서 이러한 전망을 다루었다. 그 기사에서 우리는 오늘날의
격변을 5억 4,300만 년 전에 일어난 엄청나게 창조적인 동시
에 파괴적이던 캄브리아기 대폭발과 비교했다.[*] 오스트레일리
아 동물학자 앤드루 파커의 가설에 따르면, 얕은 바다를 더욱
투명하게 만든 화학변화가 진화적 군비 경쟁의 진정한 올림피
아드를 촉발해 생명의 나무에서 오래된 가지들을 쳐내고 새로
운 가지들을 싹틔웠다.[**] 캄브리아기 대폭발에 대한 파커의 가
설이 옳든 그르든(진위가 어떻든 나는 그가 옳다고 생각한다), 오늘
날 우리가 경험하는 인터넷 대폭발에 대해서는 의문의 여지가
별로 없다.

지금 우리는 과거 어느 때보다 멀리, 빠르고, 값싸고, 쉽게 볼
수 있다. 이와 동시에 우리는 보일 수 있다. 그리고 비친 것이
다시 비치는 상호 지식이라는 거울의 방에서는 우리가 본 것을
모든 사람이 볼 수 있다는 사실을 안다. 그것은 권한을 주는 동
시에 발목을 잡기도 한다. 지구상의 모든 생명을 만든 아주 오

•   Daniel C. Dennett and Deb Roy, 'Our transparent future', 〈Scientific American〉,
     March 2015.

••   Andrew Parker, 《In the Blink of an Eye: How Vision Sparked the Big Bang of
     Evolution》, New York: Basic Books, 2003.

래된 숨바꼭질 게임이 갑자기 운동장, 장비, 규칙 등을 바꾸었다. 적응하지 못하는 플레이어들은 오래가지 못할 것이다.[*]

신무신론의 부상은 대체로 이러한 상호 지식의 확대 덕분에 가능했다. 당신의 친한 친구 가운데 몇몇은 무신론자일 것이고, 당신은 그 사실을 알 것이다. 하지만 지금은 거의 모든 사람이 친한 친구 중 일부가 무신론자임을 알고 있고, 그 사실을 거의 모두가 안다. 이로써 무신론자로서 '커밍아웃'하는 것이 훨씬 덜 부담스럽고 덜 위험해졌다. 수가 많으면 강해진다. 하지만 그 사람들이 자신과 같은 사람이 얼마나 많은지 대략 알면 수의 힘은 더 커진다. 이런 경우 조직화가 가능하다. 심지어 신중하게 이끌어낼 필요조차 없다. 최근 밝혀진 사실에 따르면, 상황 파악을 누구보다 잘 하지 못하는 박테리아도 '정족수 감지quorum sensing'라는 협력행동을 한다고 한다. 새로운 전략을 실시하기 전에 집단행동을 시작하기에 충분한 동지들을 찾는 것이다.

일반 대중이 거둘 수 있는, 상대적으로 교묘한 또 하나의 효과가 있다. 이렇게 하는 데는 정치권력을 손에 쥘 필요도, 유명할 필요도, 말을 잘할 필요도, 심지어 지역사회에서 영향력 있

---

* Dennett and Roy, 'Our transparent future', p. 67.

65   대니얼 데닛

는 사람이 될 필요도 없다. 방법은 '희생 양극sacrificial anode'이 되는 것이다. 이 용어는 위험한 동시에 종교적으로 들리지만, 어느 쪽에도 해당하지 않는다. 선원과 어부, 그리고 배 위에서 일하는 사람들은 잘 알고 있고, 다른 명칭으로도 불린다. '음극화 보호'라고도 하고, 그냥 '아연'이라고도 하며, 때로는 '희생 접시'라고도 한다. 나는 희생 접시가 마음에 드는데, 충격적 이미지가 연상되기 때문이다(여러분도 혹시 살로메의 접시 위에 놓인 세례 요한의 머리를 떠올렸는가?).

청동이나 놋쇠 프로펠러를 장착한 철강 보트나 배를 소금물에 띄우면 일종의 배터리가 생성된다. 전자가 강철에서 그 합금으로 흘러 그것을 놀라운 속도로 부식시킨다. 완전히 새것인 단단한 놋쇠 프로펠러는 며칠 내에 구멍이 생기고, 몇 달 만에 파괴될 수 있다. 보호막을 칠하는 것은 효과적이지 않다. 해법은 이것이다. 작은 아연 조각(다른 금속도 가능하지만 여러 가지 이유로 아연이 가장 좋다)을 강철에 붙이면(또는 스테인리스강 프로펠러축에 일종의 아연 너트를 끼운다) 문제가 해결된다. 작은 아연 조각은 놋쇠나 청동보다 반응성이 크기 때문에 자신이 '모든 질책을 받고(전류)', 자기 자신을 희생해 중요한 일을 하는 데 필요한 부분을 보호한다. 1년에 한 번씩 거의 바닥난 아연 조각을 새로운 희생 양극으로 교체하면 된다.

여기에서 이끌어낼 수 있는 정치적 교훈이 무엇인지는 명백하다. 당신이 가령 미국 상원의원이나 하원의원, 또는 극단주의자(어떤 차원, 어떤 방향으로든)라는 평판 때문에 운신의 폭이 심각하게 줄어든 공직자라면, 생계와 안전을 평판에 (많이) 의존하지 않아서 '지나치게 급진적'으로 보여도 되는 사람들을 좀 더 극단적이고, 가시적이고, 대담하게 만들면 큰 도움이 된다. 정치적 분열의 양쪽에 있는 사람들은 반대편의 의견을 희화하고 과장하려는 경향이 있으므로, 정치적 지지를 얻기 위해서는 자기편의 일부가 지지하는 약간 더 과격한 의견을 부정할 수 있어야 한다.

물론 이런 전략에는 한계가 있다. 모든 군비 경쟁에서와 마찬가지로 역동적 상호작용이 존재하고, 양극화가 지나치게 심해지면—너도 나도 자신이 좋아하는 정치인을 위해 희생 양극이 되려고 할 때—전략적 원리의 가치는 증발한다. 이럴 때는 실제 견해를—그 견해가 아무리 지루하고 온건해 보여도—솔직하고 공개적으로 표현하는 것이 어느 정도 도움이 된다. 이웃 사람들에게 당신이 X를 선호하고, Y를 탐탁지 않아 하고, Z를 못 믿겠다고 침착하게 알려라. 요컨대 정보를 알고 있는 시민이 아니라 정보를 알리는 시민이 되는 것이다. 이렇게 하면 양극화를 줄이고, 일반 통념을 당신이 선호하는 방향으로 서서히 옮겨놓는 데 큰 도움이 된다.

우리 네 사람의 다양한 의견은 이러한 요인들이 어떻게 작

대니얼 데닛

동하는지 보여주는 좋은 사례이다. 나는 내 인생에서 단 한 번 '착한 경찰' 역할을 맡으려 하는데, 조직된 종교가 할 수 있는 선함을 보존할 필요가 있다고 생각하기 때문이다. 지금은 이 세상에 없는 내 소중한 친구 히친스가 역설한 것처럼, 종교는 '모든 것을 해치는 독'일까?[*] 나는 아주 약한 의미에서만 그렇다고 생각한다. 많은 것이 적당히 있으면 심하게 해롭지 않고 지나칠 때만 해롭다. 나는 왜 히친스가 그런 견해를 피력했는지 잘 안다. 해외 특파원으로 활동하면서 종교의 최악의 측면들을 몸소 겪었기 때문이다. 반면 나는 그 모든 것을, 대개는 그의 보도를 통해 간접적으로만 안다. 하지만 나는 이런저런 종교적 조직에서 받는 무조건적 환영이 없다면 인생이 황량하고 외로워질 사람을 많이 알고 있다. 나는 거의 모든 종교가 감싸고도는 비합리주의의 잔재가 유감스럽지만, 구제하고 위로하는 역할을 잘해내는 국가를 보지 못했기 때문에 그런 인도적 임무를 인계받을 세속의 기구를 찾을 때까지는 교회가 세상에서 사라지는 것을 바라지 않는다. 차라리 나는 이러한 종교 조직들이 명백한 난센스에 대한 비합리적이고 진실하지 않은 충성에 빠지지 않도록 돕겠다.

●   Christopher Hitchens, 《신은 위대하지 않다God Is Not Great: How Religion Poisons Everything》, New York: Twelve Books, 2007.

이러한 성숙한 형태로 탈바꿈하는 데 이미 성공한 종파들이 존재하고, 나는 그들에게 박수를 보낸다. 리처드와 샘은 이러한 문제에 대해 의견이 다르고, 우리는 의견 충돌이 생길 때 그것을 서로에게 표현하는 것을 주저하지 않는다. 하지만 우리의 의견 차이는—내가 아는 한—상대를 존중하는 건설적인 것이다. 우리의 토론 기록에서 획일적 공통 신조나 정치적 이유로 은폐된 어떤 모순을 찾아내려는 사람은 빈손으로 돌아갈 것이다. 우리가 우리만의 '믿음', 우리만의 '종교'가 있다고 비난하는 소리를 들을 때마다 나는 신기하다는 생각이 드는데(마치 이렇게 말하는 것처럼 들린다. "당신네 무신론자들은 우리 종교인들만큼이나 남을 불쾌하게 한다!"), 그들이 찾아낼 수 있는 우리의 공통 교의란 진실, 증거, 정직한 설득에 대한 믿음뿐이기 때문이다. 그것은 맹목적인 믿음이 아니며 그것과는 정반대이다. 끊임없이 검증 및 수정되는 믿음, 분별력과 상식에 의거해 잠정적으로 옹호받는 믿음이다. 종교 전도자들과 달리 우리는 우리가 옹호하는 입장이 타당하다는 증거를 대야 하는 '입증 책임'을 기쁘게 받아들이고, 결코 《성경》이나 권위 있는 선언으로 도망치지 않는다.

DAWKINS

DENNETT

HARRIS

HITCHENS

독단은
지식의 성장을
방해하고
인류를 갈라놓는다

_샘 해리스

뭔가를 타당한 이유로 믿는 것과 황당한 이유로 믿는 것
사이에 차이가 있는가?

Sam Harris

'신무신론자'라는 어구가 지면에 등장한 이래로 나는 리처드 도킨스, 대니얼 데닛, 크리스토퍼 히친스와 함께 칭찬받고, 욕을 먹었다. 말할 나위 없이 나로서는 이들과 엮이는 것이 대단한 영광이었다. 하지만 이렇게 묶이는 것은 우리가 함께 뭔가를 도모한다는 잘못된 느낌을 주었다. 우리 가운데 둘 또는 셋은 앞으로도 학회 또는 행사장에서 만나는 일이 종종 있겠지만, 이 책은 우리 네 사람이 함께하는 유일한 대화 기록이다.

2011년에 크리스토퍼가 세상을 떠난 뒤로 이 기록을 보면 유독 가슴이 아프다. 요 몇 년 사이 사람들은 그의 부재를 뼈저리게 느끼고 있다. "나는 히친스가 그리워요." 지금까지 몇 번이나 이 말을 들었는지 헤아릴 수도 없다. 이 말은 언제나 이성 또는 훌륭한 태도에 반하는 일이 막 일어났을 때 항의하는 말로 나온다. 이 말은 좌파든 우파든 '불량배'가 아무 도전도 받지 않고 히죽거리며 지나간 다음에 나온다. 이 말은 일상 속의 위험한 말이나 거짓말에 직면할 때 아무런 효과를 기대하지 않고 읊조리는, 일종의 주문이 되었다. 내게는 이 말이 종종 책망하는 것처럼 들린다. 의도한 것은 아니지만 의도한 것일 때도 있다.

나 역시 히친스가 그립다. 하지만 여기서 또 하나의 추도사를 쓰고 싶은 유혹을 애써 참는다. 결국 남은 사람들도 떠날 때가 올 것이다. 하지만 우리의 대화 기록은 영원히 남을 것 같다. 처음부터 촬영을 염두에 둔 것은 아니었지만, 이렇게 되고 보니 잘한 일 같다.

리처드, 대니얼, 크리스토퍼, 그리고 나를 무신론의 네 기사로 묶으면 각자가 강조하는 점과 의견의 중요한 차이가 가려지지만, 중요한 점에 관해서는 그렇게 해도 문제가 없다. 뭔가를 타당한 이유로 믿는 것과 황당한 이유로 믿는 것 사이에 차이가 있을까? 그 차이를 인정하는 정도에 있어서 과학과 종교가 다른가? 이런 쪽으로 가면 우리의 토론은 시작하기도 전에 끝난다.

우리의 관심사는 비록 제각각이지만, 종교의 독단이 정직한 지식의 성장을 방해하고 인류를 쓸데없이 갈라놓는다는 것을 각자의 자리에서 절실히 깨달았다. 후자는 위험할 뿐 아니라 아이러니한 결과인데, 종교의 가장 칭찬받는 능력 가운데 하나가 통합이기 때문이다. 물론 종교가 통합을 하기는 한다. 하지만 그러기 위해 일반적으로 종족주의를 조장하고, 종교가 아니면 존재하지 않을 도덕주의적 두려움을 야기한다. 양식 있는 사람들이 신앙심에서 선행을 베푸는 것을 자주 볼 수 있다는 반박은 여기서 통하지 않는다. 신앙은 타당한 이유가 있는데도 선행을 베풀어야 할 황당한 이유를 제공하기 때문이다. 이러한 점은 박수를 받든 차가운 침묵에 맞닥뜨리든, 우리 네 사람이 여러 번 반복해서 지적한 것이다.

사실 기독교도, 이슬람교도, 유대교도가 상상하는 전지전능하고 자애로운 신에 대한 믿음을 원천 봉쇄하기 위해서는 긴 말이 필요 없다. 아무 신문이나 펼쳐보라. 뭐라고 적혀 있는가?

오늘 브라질에서 작은머리증을 앓는 일란성쌍둥이 소녀들이 태어났다. 어떻게 해서 이런 일이 일어날까? 소녀들의 어머니는 지카 바이러스를 옮기는 모기한테 물렸다. 이 모기도 신이 만들었다. 그것도 엄청나게 많이. 이 바이러스의 많은 불행한 효과 가운데 하나는 감염된 불운한 여성의 아이에게 쪼그라든 머리, 쪼그라든 뇌, 그리고 이에 따른 쪼그라든 인생을 주는 것이다.

이 여성의 몇 달 전 모습을 상상해보자. 그녀는 아직 태어나지 않은 딸들의 행복한 인생을 위해 자신이 할 수 있는 모든 일을 한다. 공장에서 일하고 기도는 당연히 매일 한다.

샘 해리스

하지만 결정적 순간에 그녀는 잠이 든다. 아마 지금 세상보다 더 나은 세상에 대한 꿈을 꾸는 중일 것이다. 그때 모기 한 마리가 열린 창문으로 들어온다. 그리고 그녀의 노출된 팔에 내려앉는다. 전지전능하고 자애로운 신이 모기를 막기 위해 뭐라도 할까? 천만에! 신은 산들바람조차 보내주지 않는다. 모기의 주둥이가 당장 그녀의 살갗을 뚫는다. 이 순간에 신자들은 무슨 생각을 할까? 신자들은 자신들의 신이 있으나 마나 할 정도로 신경을 쓰지 않는다고 생각하지 않을까?

따라서 약 2억 년 동안 질병을 퍼뜨리며 이어져 내려온 괴물들의 자손인 이 작은 괴물이 죄 없는 그녀의 피를 마시는 것, 자신의 배를 채운 답례로 태아의 인생을 파괴하는 것을 막을 수 있는 것은 아무것도 없다.

단 한 가지 사례만으로 모든 신학적 억지와 궤변이 무너져 버린다. 하지만 공포는 한층 심해진다. 그녀는 다음 날 아침 자신의 팔에서 부은 자국을 발견한다. 이때까지만 해도 모기에 물린 자국은 곧 비극으로 채워질 인생에서 아주 사소한 성가신 일일 뿐이다. 그런데 그녀는 지카 바이러스에 대해 들어봤고, 그 바이러스가 어떻게 전파되는지 알고 있을 것이다. 이제부터 그녀의 기도가 간절해진다. 그런데 뭘 위해서? 번지수를 완전히 잘못 짚은 종교의 위안이 그렇게 중요한가? 이 무력한 신, 악마, 가공의 존재를 숭배할 만큼?

신이 없을 때 우리는 희망과 위안의 진정한 원천을 발견한다. 예술, 문학, 스포츠, 철학은—다른 형태의 창의성과 묵상과 더불어—즐기는 데 무지나 거짓말을 요구하지 않는다. 그리고 과학도 있다. 과학은 내적 보상 외에도, 방금 소개한 사례에서 진정한 자비를 제공할 것이다. 지카 바이러스를 물리칠 백신 또는 치료법이 마침내 발견되어 무수한 비극과 죽음을 막을 때, 신자들은 그 일에 대해 신에게 감사할까?

분명 그럴 것이다. 그리하여 이러한 대화는 계속된다.

DAWKINS
DENNETT

THE FOUR HORSEMEN

HARRIS
HITCHENS

네 기사의 토론

리처드 도킨스
대니얼 데닛
샘 해리스
크리스토퍼 히친스

워싱턴 D.C. 2007년 9월 30일

종교는 어떻게 이토록 매력적인 지위를 형성했는가?

도킨스 우리 모두가 맞닥뜨려온 것 중 하나가 바로 공격적이
다, 오만하다, 신랄하다, 날카롭다는 비난입니다. 다들 어떻
게 생각하십니까?

데 닛 맞습니다. 그런데 저는 그런 비난을 들을 때마다 참 재
미있다는 생각이 듭니다. 책을 쓸 때 합리적 종교인을 제대
로 대접하기 위해 각별히 노력했고, 신앙심이 깊은 학생들
에게 초고를 시험 삼아 읽혀봤기 때문입니다.[*] 사실, 첫 번
째 초고를 보고는 괴로워하더군요. 그래서 여러 번 손봤는
데, 결국에는 아무 도움도 되지 않았어요. 지금도 걸핏하면

---

* Daniel C. Dennett, 《주문을 깨다Breaking the Spell: Religion as a Natural Phenomenon》, New
York: Viking Adult, 2006.

무례하고 공격적이라는 비난을 받으니까요. 어떻게 해도 안 되는 상황임을 깨달았습니다. 헛짓이에요. 종교는 우리가 무례하지 않고는 반대 의견을 펼 수 없도록 하기 위한 방법만 궁리하고 있어요.

도킨스 무례하지 않을 수 없도록 말이죠.

데 닛 저들은 기회만 있으면 상처받았다는 패를 내밉니다. 그래서 우리는 선택의 기로에 놓이게 되죠. 무례할 것인가, 아니면 차라리…….

도킨스 말을 하지 말 것인가.

데 닛 이러한 비판을 입 밖에 낼 것인가, 아니면 그냥 입을 다물 것인가?

해리스 금기를 깬다는 건 그런 거죠. 현재 종교는 합리적 비판의 장에 공식적으로 올려서는 안 되는 주제가 되었어요. 심지어 세속주의자, 무신론자 동료들조차 그렇게 하고 있습니다. 그건 사람들을 미신에 맡기는 거죠. 설령 그러한 미신이 아주 나쁘고 해를 끼친다 해도 자세히 들여다보지 않습니다.

데 닛 제 책 제목이 말하고자 하는 것도 바로 그겁니다. 주문이 존재하고, 우리는 그것을 깨야 한다는 겁니다.

히친스 하지만 만일 공적 담론에서 '무례죄'가 인정된다면, 우리도 자기 연민에 빠지지 말고 이렇게 말해야 합니다. 우리도 상처받고 모욕을 느낄 수 있다고요. 그러니까 옥스퍼드대학교의 대변인으로 높은 자리에 있는 타리크 라마단* 같은 사람이 간음한 여성을 돌로 쳐 죽이는 것과 관련해 자신이 요구하는 최선은 그 행위를 일시적으로 중지시키는 것이라고 말할 때 저는 단지 동의하지 않는 것에 그치지 않습니다. 화가 난다는 말로는 결코 다 표현할 수 없는 기분을 느낍니다. 모욕적일 뿐 아니라 두렵기까지 합니다.

해리스 하지만 기분이 상하는 건 아니지요. 개인적으로 상처를 받지는 않으실 텐데요. 라마단의 사례에서와 같은 특정 사고방식이 가져올 결과에 두려움을 느끼는 거죠.

히친스 맞아요. 하지만 라마단 또는 그런 부류의 사람들은, 만

● Tariq Ramadan(1962~): 스위스의 이슬람학자이자 작가이며, 옥스퍼드대학교의 현대이슬람학과 교수.

일 제가 선지자 무함마드의 역사적 실존을 의심하면 그들의 마음에 깊은 상처를 주었다고 말할 겁니다. 글쎄요, 나는 사실…… 그리고 모든 사람이 마땅히 그럴 거라고 생각하는데…… 하늘의 초자연적인 독재가 없다면 우리가 옳고 그름을 분간하지 못할 것이라는 종교적 명제를 들을 때마다 내 자신이 완전무결한 사람이 아니라는 말로 들려서 기분이 상합니다.

해리스 하지만 정말 기분이 상하십니까? 그저 옳지 않다고 느끼는 것 아닌가요?

히친스 그렇지 않아요, 샘. 저는 무례죄가 일반적으로 인정되고 언론의 중재가 있다면, 우리도 자기 연민에 빠지거나 억압받는 소수임을 내세우지 않고 기분 나쁘다고 주장할 자격이 있다고 생각합니다. 그렇게 맞받아치는 데는 정반대의 위험이 따른다는 것을 인정합니다. 한편 우리를 비난하는 것을 완전히 피할 방법은 없다는 대니얼의 의견에도 동의합니다. 우리가 말하는 것이 모든 진지한 종교인의 핵심, 급소를 찌르기 때문이죠. 예컨대 우리는 예수의 신성을 부정합니다. 많은 사람이 큰 충격을 받을 것이고 아마 상처도 받을 겁니다. 매우 안타까운 일이죠.

도킨스 종교가 받는 상처의 양과 그 밖의 거의 모든 것에 대해 사람들이 받는 상처의 양을 비교해보면 정말 재미있을 것 같습니다. 예컨대 예술적 취향 같은 것에 대해서요. 음악에 대한 취향, 미술에 대한 취향, 정치에 대한 취향에 대해서도 무례할 수 있습니다. 딱 원하는 만큼은 아니지만, 그러한 것에 대해서도 충분히 무례할 수 있습니다. 그래서 저는 사람들이 얼마나 기분이 나쁜지 측정해보고 싶어요. 그것에 대해 실제로 연구해보고 싶어요. 좋아하는 축구팀이나 좋아하는 음악, 또는 어떤 것에 대해 무례한 발언을 하면서 얼마나 무례해야 그들의 기분이 상하는지 시험해보는 거죠. 당신의 얼굴은 정말 못생겼다고 말한다거나……. (일동 웃음) 그 밖에 또 뭐가 있을까요?

히친스 남편 또는 아내, 여자 친구의 얼굴도 괜찮겠네요. 마침 떠오르는 사람이 있어서, 도킨스 교수님의 말씀이 흥미롭게 들리는군요. 저는 가톨릭연맹의 빌 도너휴*라는 끔찍한 남성과 정기적으로 토론을 하는데, 그는 신성모독으로 주목을 끄는 현대미술의 특정한 경향을 개탄하더군요.

---

* Bill Donohue(1947~): 미국 사회학자이자 종교인과 시민의 권리를 위한 가톨릭연맹 Catholic League for Religious and Civil Rights 회장.

네 기사의 토론

해리스 〈오줌 예수Piss Christ〉*가 떠오르는군요.

히친스 네, 안드레 세라노**의 〈오줌 예수〉, 또는 성모마리아 그림에 코끼리 똥을 묻힌 작품***이 그런 예죠. 실제로 우리가 고대 그리스의 소포클레스를 포함해 일신론 이전의 사상가들과 신성모독에 대한 혐오감을 공유하고 있다는 사실은 꽤 중요하다고 생각합니다. 우리는 교회가 모독당하는 것을 보고 싶어 하지 않죠.

도킨스 물론입니다.

히친스 종교적 상징이 짓밟히는 장면을 보고 싶어 하지 않습니다. 모든 사람이 종교의 미적 성취 중 적어도 일부에 대해서는 감탄하는 마음을 공유합니다.

해리스 우리의 비판은 우리가 생각하는 것보다 더 아플 수 있습니다. 우리는 사람들의 기분을 상하게 할 뿐 아니라, 그들

•   작가의 오줌을 담은 작은 유리잔에 십자가상을 담고 사진을 찍은 작품. – 옮긴이

••   Andres Serrano(1950~): 미국 화가이자 사진작가.

•••   〈The Holy Virgin Mary〉(1996), 영국 화가 크리스토퍼 오필리Christopher Ofili(1968~)의 작품.

에게 기분이 상하는 것은 잘못이라고 말하고 있으니까요.

모 두   맞습니다.

해리스   물리학자들은 물리학에 대한 자신의 견해가 반증되거
나 도전받을 때 기분 나빠하지 않아요. 물리학자들이 이 세
계에서 무엇이 사실인지 알려고 시도할 때 이성적인 마음은
그런 식으로 작동하지 않습니다. 종교는 현실을 표상한다고
주장하는데, 그렇지 않다고 말하면 신경질적이고 집단 이기
주의적으로 반응하며, 결국에는 위험한 반응을 보입니다.

데 닛   사실 그런 이야기를 예의 바르게 할 방법은 없습니다.

해리스   "당신은 그동안 인생을 낭비했다!"는 말을 어떻게 하
면 기분 나쁘지 않게 할 수 있을까요?

데 닛   "그동안 인생을 낭비했다는 것을 모르겠습니까? 당신
의 노력과 재물을 단지 신화에 불과한 것을 찬양하는 데 바
쳤다는 것을 모르겠습니까?" 좀 더 부드럽게 해볼까요? "이
런 일에 인생을 낭비했을 가능성에 대해 고려해본 적조차
없습니까?" 그렇게 말해도 소용없습니다. 기분 나쁘지 않게

말할 방법은 없어요. 하지만 그래도 말해야 합니다. 이건 꼭 생각해봐야 할 문제이니까요. 우리 자신의 인생을 대하듯이 똑같이 해야 합니다.

도킨스 댄 바커[*]는 신앙을 잃었으나 그것이 자신이 아는 유일한 삶의 방식이기에 감히 그렇다고 말하지 못하는 성직자들을 모으고 있습니다. 그런 사람들은 살아가는 다른 방법을 알지 못합니다.

해리스 그렇습니다. 저도 그런 사례를 들어본 적이 있습니다.

도킨스 그래요?

히친스 저는 젊을 때 공산당 당원들과 논쟁을 하면서 이런 상황에 맞닥뜨린 적이 있습니다. 그들은 소련은 끝났다는 사실을 알고 있었어요. 하지만 많은 사람이 자신이 위대한 이상이라고 생각하는 것을 지키기 위해 엄청난 고생을 했고,

---

● Dan Barker(1949~): 미국 무신론 운동가이자 전 기독교 목사. 종교로부터 자유재단 Freedom from Religion Foundation의 공동대표. 댄 바커가 모은 사람들은 나중에 'The Clergy Project'에 편입되었다. https://en.wikipedia.org/wiki/The_Clergy_Project를 보라.

많은 희생을 했고, 용감하게 투쟁했죠. 큰 태엽이 망가졌지만 그들은 포기할 수 없었어요. 그동안 지켜온 가치가 틀렸음을 인정해야 했기 때문이죠. 하지만 누군가가 제게 "저들에게 소련에 대해 어떻게 그런 말을 할 수 있습니까? 그렇게 말하면 저 사람들이 울고 상처를 입는다는 걸 모릅니까?"라고 말했다면, 저는 이렇게 답했을 겁니다. "웃기지 말아요. 억지 좀 그만 부려요." 하지만 많은 사례에서 비슷한 주장을 보게 됩니다.

데 닛 사람들이 제게 무례하고 잔인하고 어떤 면에서는 끔찍하게 공격적이라고 말하면 저는 이렇게 말합니다. "제약 회사나 석유 회사에 이런 말을 한다면 그게 무례한 겁니까? 해서는 안 되는 말입니까? 아닙니다."

도킨스 물론 아니죠.

데 닛 저는 종교도 제약 산업이나 석유 산업을 다루는 것과 같은 방식으로 다루기를 바랍니다. 물론 제가 제약 회사에 반대하는 것은 아닙니다. 그들이 하고 있는 일 중 몇 가지를 반대하는 거죠. 어쨌든 저는 종교를 제약 회사와 같은 위치에 놓기를 바랍니다.

히친스 종교에 대한 세금 감면, 영국의 경우에는 국가보조금
   을 없애자고 말하는 것도 거기에 포함되죠.

데 닛 맞습니다.

도킨스 신기한 게 종교는 어떻게 이 매력적인 지위를 획득했
   을까요? 종교인이든 아니든 우리는 모두 그것을 당연하게
   생각해요. 어떤 역사적 과정에 의해 종교는 비판에 대한 면
   책 특권을 얻었습니다. 걸핏하면 기분 나쁘다고 말할 수 있
   는 권리를 얻었죠.

데 닛 제가 특히 신기하게 생각한 점은…… 물론 처음에는
   화가 났죠. 종교인들이 자신을 대신해 화를 내주는 수많은
   비종교인을 얻었다는 사실입니다.

도킨스 제 말이에요!

데 닛 실제로 제 저서에 가장 악랄한 서평을 쓴 사람들은, 자
   신은 종교인이 아니면서 종교인의 비위를 건드리는 것을 끔
   찍하게 두려워하는 사람들이었습니다. 그들은 실제 종교인
   보다 더 심하게 저를 괴롭힙니다.

도킨스 제 경험과 똑같군요.

해리스 여러분 중 한 분은 그런 비종교인의 태도는 잘난 척하며 생색을 내는 것이라고 지적하신 걸로 아는데요.* 마치 교도소 개념과 비슷합니다. '다른 사람들은 이러한 신화가 필요하다. 우리는 이 사람들을 그들의 신화 속에 안전하게 가두어야 한다'는 생각이죠.

그 문제에 대해 제가 생각하는 한 가지 해답이 있는데, 그 점에서 제가 세 분과 차이가 있을지도 모르겠네요. 많은 무신론자가 질겁하겠지만, 저는 '영성'과 '신비' 같은 단어를 별로 눈살을 찌푸리지 않고 사용합니다. 현재로서는 아무런 거리낌 없이 이야기할 수 있는 자리가 종교적 대화뿐인, 드문 경험의 범위가 존재한다고 생각합니다. 그런데 그런 경험은 종교적 대화에서만 이야기되기 때문에 미신으로 가득하고, 합리적으로 설명할 수 없는 다양한 형이상학적 체계를 정당화하는 데 사용됩니다.

하지만 분명히 다수의 사람들은 특별한 경험을 합니다. 환각제를 복용했든, 1년 동안 동굴 안에서 홀로 지냈기 때문이

---

* 　도킨스는 "종교는 거짓이지만 사람들은 위안을 위해 그게 필요하다"는 주장에 대해 잘난 척하며 생색을 내는 것이라고 지적했다. – 옮긴이

든,* 아니면 유독 신경계가 불안정한 상태로 태어났기 때문이든. 사람들은 자기 초월적 경험을 할 수 있는데, 종교는 그러한 경험에 대해 이야기하고 그러한 경험을 그럴듯하게 만드는 유일한 수단으로 보이죠. 이것이 종교를 비판하는 것이 금기가 된 한 가지 이유입니다. 어떤 사람의 일생일대 순간을 쓰레기 취급하는 것처럼 보이기 때문이죠. 적어도 그들의 관점에서 보면 그렇습니다.

도킨스 글쎄요, 샘의 생각에 전적으로 동의하는 건 아니지만, 이런 이야기는 아주 좋다고 생각합니다. 샘의 말대로 종교가 영적 문제를 다룰 수 있는 유일한 수단이 아님을 보여주니까요. 마찬가지로 우리도 정치적 우파에서 무신론자를 데려오면 좋습니다. 그렇지 않을 경우 가치의 혼란이 생기는데, 그건 우리에게 도움이 되지 않으니까요. 다른 분야에서도 이런 다양성을 갖추는 것이 훨씬 좋습니다. 어쨌든 저는 샘의 생각에 전반적으로 동의하지만, 그렇지 않다 해도 그런 이야기를 잘하셨다고 생각합니다.

---

* 무함마드는 1년 중 일정 기간 동안 메카 교외 산중에 틀어박혀 명상과 기도를 하면서 시간을 보내는 습관이 있었다. 610년경, 어느 날 밤 히라산에서 무함마드는 영적 체험을 했다. ―옮긴이

히친스 만일 우리가 한 가지, 딱 한 가지를 바꿀 수 있다면, 저는 신비한 것과 초자연적인 것을 구별할 겁니다. 게놈 연구의 선구자인 프랜시스 콜린스*가 경험했다는 불가사의한 일을 샘의 블로그에서 봤습니다. 어느 날 산을 오르다 경관에 압도되어 무릎을 꿇고 예수 그리스도를 영접했다는 이야기 말입니다.** 전제와 전혀 무관한 결론, 완전히 불합리한 추론이죠.

해리스 맞습니다.

히친스 예수 그리스도가 그런 경관을 창조했다는 암시조차 없었습니다.

해리스 세 갈래로 갈라지는 폭포가 얼어붙은 모습을 보고 삼위일체가 떠올랐다고 했습니다.

히친스 바로 그겁니다! 우리는 어떻게든 세 개를 한 벌로 인식합니다. 우리는 삼세번을 특별하게 인식하도록 프로그래

---

* Francis Collins(1950~) : 미국 유전학자이자 의사. 메릴랜드주 베데스다에 있는 국립 보건원의 소장을 맡고 있다.
** https://samharris.org/the-strange-case-of-francis-collins/

밍되어 있어요. 명백히 그렇습니다. 사위일체인 신은 없을 거예요. (일동 웃음) 경험으로 알죠. 하지만 신비한 것과 초자연적인 것은 엄청난 차이이고, 그것을 구분하면 많은 사람의 혼란이 해소될 거라고 생각합니다. 우리가 느끼는 신비한 감정은 인간성의 부산물로, 진화에 딱히 유용하지 않습니다. 어쨌든 유용하다는 것을 우리는 증명할 수 없어요. 그렇다 해도 그런 감정이 우리 것이라는 사실은 변하지 않습니다. 그것은 초자연의 영역이 아닙니다. 성직자가 징집하거나 합병할 수 있는 것이 아닙니다.

데 닛 자기가 겪은 신비한 경험에 대한 스스로의 가치 평가를 신뢰하지 않는다는 것은 안타까운 일입니다. 신으로부터 온 것이 아니면, 어떤 종교적 체험이 아니면, 사람들은 그러한 경험을 보이는 그대로 좋게 받아들이지 않아요. 하지만 그러한 경험은 그 자체로 경이롭고 중요합니다. 그건 인생의 최고 순간이고, 자신을 잊고 어떤 식으로든 자신이 생각한 것보다 더 나은 존재가 되는 순간입니다. 겸손함과 자연의 경이로움을 느끼는 순간이죠. 그것으로 된 겁니다. 정말 멋지죠. 거기에는 사족이 필요 없습니다. "나보다 훨씬 더 경이로운 누군가가 내게 그런 경험을 주었을 거야!"라는 말은 필요 없습니다.

도킨스 그건 납치당한 거죠. 그렇지 않은가요?

히친스 그건 솔직히 인간 속에 있는 일그러진 면, 약점이기도 해요. 종교에서 인간 존재가 얼마나 별 볼 일 없고, 얼마나 굴종적이고, 거의 자기를 부정하는 수준으로 수용적인지 계속 강조하기 때문입니다. 그런데 종교는 또 그런 특별한 순간에 대해서는 엄청나게 오만한 주장을 합니다. "우주가 '나'를 염두에 두고 설계되었음을 갑자기 깨달았다. 그리고 그 사실에 대해 엄청나게 겸허한 기분이 들었다." 웃기지 말라 그래요! 우리는 그런 사람들을 비웃어도 돼요. 꼭 그래야 한다고 생각합니다.

데 닛 저는 "데닛 교수가 이러저러할 수 있는 겸손함을 지녔다면"이라는 말을 듣는 것이 이제 넌덜머리가 납니다. 말끝마다 겸손, 겸손. (일동 웃음) 게다가 숨 막힐 정도로 오만한 사람들이 이런 말을 해요.

히친스 그들은 사람을 거칠게 밀치며 이렇게 말합니다. "신경 꺼요. 나는 지금 신의 심부름을 하는 중이니까." 그게 겸손한 겁니까?

해리스　지금이 '과학은 오만하다'는 관념으로 돌아가야 할 시점인 것 같군요. 과학보다 더 엄격하게 겸손을 강요하는 담론은 없으니까요. 제 경험상 과학자들은 누구보다 먼저 모른다고 말하는 사람들입니다. 과학자들에게 전공 분야 외의 이야기를 시키면, 그들은 즉시 애매한 태도를 취하며 이렇게 말합니다. "여기에는 분명 그것에 대해 나보다 더 잘 아는 분이 있다. 게다가 모든 데이터가 나온 것은 아니다." 과학은 우리가 어느 정도로 모르는지에 대한 가장 솔직한 담론 형태예요.

히친스　실은 거짓으로 겸손한 척하는 과학자도 많습니다만, 샘의 말이 무슨 뜻인지는 압니다.

도킨스　학자라면 누구나 그래야 합니다. 그런데 종교인은 말이죠, 〈사도신경〉을 매주 암송하는데, 거기에는 그들이 믿는 것이 정확하게 적혀 있습니다. 세상에는 신이 하나가 아니라 셋이 있고, 동정녀 마리아에게서 태어난 예수는 죽어서…… 그다음은 어떻게 되었죠? 사흘 만에 부활했고…… 이런 이야기가 매우 상세하게 적혀 있습니다. 그런데도 그들은 뻔뻔하게도 우리더러 지나치게 확신한다고 비난하고, 무엇을 의심해야 하는지 모른다고 비난합니다.

데 닛 그들 중 대다수는 '만일 내가 틀렸다면'이라는 생각을
해본 적이 없을 겁니다. 그것은 과학자들이 항상 던지는 질
문이죠. 그들의 머릿속에는 이 질문이 없습니다.

히친스 그 말에 이의를 제기해도 될까요?

데 닛 물론이죠.

히친스 종교인과 말할 때 이기는 것은 어렵지 않아도 논쟁하
는 것이 어려워지는 것은 대체로 그들이 이렇게 말하기 때
문입니다. 그들은 항상 믿음을 시험받고 있다고 말합니다.
실제로 이런 기도가 있습니다. "저는 믿습니다. 주여, 저의
불신을 도와주소서." 그레이엄 그린은 가톨릭교도가 되는
것의 가장 멋진 점은 깊은 신앙으로 내면의 불신에 도전하
는 일이었다고 말합니다.* 많은 사람이 이중장부를 작성하
는 방법으로 살아갑니다.

데 닛 맞습니다.

---

* Graham Greene(1904~1991): 영국 소설가. 결혼 직전에 가톨릭으로 개종했고, 훗날
자신을 '가톨릭 무신론자'로 묘사했다.

네 기사의 토론

도킨스　정확한 말씀입니다.

히친스　제가 받은 인상으로는 자기 자신을 신자, 또는 믿음이 있는 사람이라고 부르는 이들 중 대다수는 항상 그렇게 합니다. 조현병이라고 말하는 것이 아닙니다. 그렇게 말한다면 무례한 거죠. 하지만 그들은 자신들이 말하는 내용이 믿기 어려운 것임을 잘 알고 있습니다. 병원에 가거나 여행할 때, 또는 다른 일을 할 때는 신앙에 따라 행동하지 않습니다. 한편으로 그들은 어떤 의미에서 신앙 없이는 안 됩니다. 그러면서도 의심을 억누르지 않습니다. 실제로 가능할 때마다 의심하려고 시도하고 의심을 쌓아나가죠.

도킨스　흥미로운 말씀이군요. 그들이 겉보기에는 확신에 차서 〈사도신경〉을 암송하는데, 그것은 의심을 극복하기 위한 일종의 주문이다 이거죠. "저는 믿습니다. 믿습니다. 믿습니다!" 이렇게 말하면서요. 실제로는 믿지 않으니까.

데 닛　물론입니다. 그리고…….

히친스　그리고 물론 비종교인처럼 다른 사람이 그것을 믿으면 기뻐합니다. 타인에게 확인받고 싶은 심리죠.

도킨스　맞습니다.

해리스　기발한 '부트스트랩bootstrap[*]' 수법도 있는데요, 증거
없는 믿음은 특히 고귀하다는 전제에서 시작하죠. 믿음 교
의,《성경》에 나오는 '의심하는 도마' 우화가 그것입니다. 그
들은 그 전제로 논쟁을 시작하고, 그런 다음에는 이런 개념
을 추가합니다. 제가 다양한 논쟁에서 수차례 맞닥뜨린 개
념인데, 사람들이 증거 없이 믿을 수 있다는 사실 자체가 미
묘한 형태의 증거라는 개념이죠. 앞에서 언급하신 프랜시스
콜린스가 자신의 저서에 이 수법을 사용합니다.[**] 우리가 신
에 대한 직관력이 있다는 사실 자체가 미묘한 형태의 증거
라는 거죠. 그리고 이것은 일종의 '점화 현상'[***]입니다. 즉,
증거 없이 시작해도 된다고 일단 말해놓고 나면 그대로 진
행할 수 있다는 사실이 미묘한 형태의 증거가 되고, 그러면
추가 증거를 요구하는 것 자체가 경계해야 할 지적 능력의
타락, 또는 유혹이 됩니다. 이런 논리를 작동하면 자기기만

---

[*]　원래 부츠 뒷부분에 있는 고리를 말하며, 일반적으로 한 번 시작되면 알아서 진행되
　　는 일련의 과정을 뜻한다. – 옮긴이

[**]　Francis Collins,《신의 언어The Language of God》, New York : Free Press, 2006.

[***]　뇌 경로에 반복적인 전기 자극을 가하면 발작의 강도가 점점 커지고 발작이 점점 자
　　주 일어나게 된다는 가설. – 옮긴이

의 영구운동기관*을 얻게 됩니다.

히친스 그런데 그들은 믿음을 증명할 수 없다는 개념을 좋아해요. 그러면 지킬 것도 없기 때문이죠. 만일 모든 사람이 부활을 목격했고, 우리가 그 일로 구원받은 것을 모든 사람이 안다면 우리는 불변의 믿음 체계 속에서 살면서 감시당할 것입니다. 믿지 않는 사람은 그 내용이 사실이 아니어서 매우 기쁩니다. 그런 곳에서 산다는 것은 생각만 해도 끔찍하니까요. 한편 믿는 사람은 한 치의 의심도 남지 않도록 그것이 완전하게 증명되기를 원치 않는데, 그렇게 되면 양심과 싸울 일이 없고, 영혼의 어두운 밤도 없기 때문입니다.

해리스 어떤 책인지는 잘 기억나지 않는데, 우리의 저서 중 하나에 대한 서평이 정확히 그 점을 지적했습니다. "이 모든 것에 대한 확고한 증거가 있어야 한다는 것은 무신론자들이 품고 있는 얼마나 무신경한 기대인가. 모든 사람이 증거가 확고해야만 믿는다면 세상에 마법이 훨씬 줄어들 것이다." 아, 생각해보니 프랜시스 콜린스의 말이었어요.

---

* 자연법칙을 위반한 운동기관으로, 한 번 작동하면 영원히 작동하는 이상적인 운동기관을 말한다. ─옮긴이

히친스 제 친구 중에 옥스퍼드 성당 참사회 위원인 존 펜턴*은 만일 성당이 '토리노의 수의'**의 사실성을 입증한다면 자신은 성직을 떠날 거라고 말했습니다. (일동 웃음) 교회가 그런 일을 한다면 거기에 있고 싶지 않다는 거죠. 제가 출판 기념 홍보 여행을 떠났을 때 공교롭게도 첫 주에 제리 폴웰***이 죽었습니다. 놀라운 우연이었죠. 게다가 테레사 수녀****가 무신론자로 커밍아웃할 줄 누가 알았겠습니까. (일동 웃음)

그런데 제가 가지고 있는 테레사 수녀의 편지들을 읽어보면 상당히 흥미롭습니다. 그녀는 어느 것도 믿게 되지 않는다고 썼습니다. 고해 신부와 선배들에게 자신은 신의 목소리를 들을 수도, 존재를 느낄 수도 없다고 말했습니다. 심지어 미사와 성체 의식 중에도 말입니다. 예삿일이 아니죠. 그녀가 받은 답장에는 이렇게 적혀 있습니다. "그건 좋은 일입니

---

* John Fenton(1921~2008): 영국 국교회 사제이자 신학자로, 1978~1991년 옥스퍼드에 있는 대학 겸 성당인 크라이스트 처치Christ Church의 참사회 위원을 지냈다.

** 예수의 장례식 때 사용한 수의로 알려진 유물. 수의에는 남성의 형상이 그려져 있는데, 사람들은 이 그림이 예수의 형상이 찍힌 것이라고 믿는다. 하지만 그 진위 여부에 대한 논란은 끊이지 않고 있으며, 몇 차례 과학적 조사를 했지만 확실한 결론은 나지 않았다. – 옮긴이

*** Jerry Falwell(1933~2007): 미국 남부 침례회 연맹 목사이자 복음주의자. 1979년에 기독교 우파 단체인 도덕적 다수Moral Majority를 공동 창립했다.

**** 아그네스 곤자 보야지우Agnes Gonxha Bojaxhiu(1910~1997): '마더 테레사'로 알려져 있다. 가톨릭 수녀이자 선교사였고, 1950년에 사랑의 선교회Missionaries of Charity를 창설했다.

다. 훌륭한 겁니다. 당신은 고난을 받고 있는 것입니다. 예수님이 당한 십자가의 고난을 나누어 지는 것입니다. 그럼으로써 당신도 갈보리 언덕에 있는 것입니다." 그런 식의 논증을 당해낼 재간은 없습니다. 믿지 못할수록 믿음을 더 증명하는 것이라니요.

해리스 믿지 못할수록 그것이 사실임을 증명하는 것이고요.

히친스 맞습니다. 고뇌, 영혼의 어두운 밤 자체가 증거입니다. 이는 정말로 '겹치지 않는 교도권'인 거죠. 우리는 이런 사고방식과 논쟁할 생각을 하면 안 됩니다.

데 닛 우리는 크리스토퍼가 지금 하고 계신 대로 하면 됩니다. 즉, 이렇게 말하면 됩니다. "오래전에 생겨난 이 흥미로운 수법들을 봐. 순환 논리이고, 자체적으로 동력을 얻고, 모든 것에 적용할 수 있지." 이렇게 말하고는 그들과 논쟁하지 않는 겁니다. 그런 수법들에 맞닥뜨리면 주제가 무엇이든 타당한 사고방식이 아님을 지적하기만 하면 됩니다. 같은 수법을 사용해 명백히 사기인 것을 지지할 수도 있기 때문이죠. 실제로 재미있는 것은 사기꾼들도 비슷한 수법을 쓴다는 겁니다. 그들은 똑같은 형태의 논쟁 같지 않은 논쟁, 불합리한 추론을 사용하고, 믿는 것을 미덕으로 생각합니다. 그리고 의심하는 낌새를 보이기 시작하면 곧바로 당신 때문에 상처를 받았다는 패를 꺼내 듭니다. 그러고는 그대로 믿는 것이 얼마나 경이로운 일인지 상기시킵니다. 여기에 새로운 수법은 없어요. 이런 수법은 오랜 세월에 걸쳐 진화한 겁니다.

히친스   가짜 특수 효과를 생산하는 것도 수법에 추가할 수 있습니다. 종교가 사기임을 가리키는 결정적 증거는 기적에 대한 믿음입니다. 아까 그 사람들은 이렇게 말할 겁니다. "아인슈타인도 우주에서 영적인 힘을 느꼈어요." 하지만 아인슈타인은 그 말의 요지가 기적은 없다는 것이라고 말했죠. 자연의 질서에는 변화가 없는데, 그것은 기적 같은 일이라는 겁니다. 그들은 그가 실제로 뭐라고 말했는지는 전혀 관심이 없어요.

해리스   모든 종교인은 다른 종교에 대해 우리가 하는 것과 같은 비판을 합니다. 그들은 다른 종교의 사이비 기적, 사이비 주장, 확신을 부정합니다. 그들은 다른 사람들의 신앙에서 사기 수법을 포착합니다. 아주 쉽게 포착하죠. 모든 기독교도는 《코란》이 창조주의 완벽한 말일 수 없으며, 그렇다고 생각하는 사람은 그것을 제대로 읽지 않은 사람임을 잘 알고 있습니다. 우리의 논증이 설득력을 지니는 순간이 바로 그 점을 지적할 때죠. 또한 우리가 지적하는 또 한 가지는 사람들이 교회 안에서나 기도 중에 무엇을 경험하든, 그 경험이 얼마나 확실하든, 불교도와 힌두교도, 이슬람교도와 기독교도가 **모두** 그것을 경험하고 있다는 사실은 그런 경험이 예수의 신성, 또는 《코란》의 특별한 신성 때문일 수 없다는 증거라는 것입니다.

데 닛 그 경험에 이르는 길은 한 가지가 아니기 때문이죠.

히친스 주제에서 벗어나지 않기를 바라지만, 그 점과 관련해 한 가지 말씀드리고 싶은 것이 있습니다. 제가 오늘 아침 ABC 뉴스에 출연해서 이런 질문을 받았습니다. "종교는 세상에 좋은 일도 얼마간 했고, 세상에는 좋은 종교인도 있다고 말할 생각은 없으신가요?" 여러분은 그런 주장을 상대하지 않지만 상대하면 안 될 이유도 없죠. 이렇게 말하는 겁니다. "글쎄요, 하마스가 가자 지구에서 사회봉사를 한다는 말을 듣기는 했습니다." (일동 웃음) 그리고 루이스 패러칸*집단이 교도소의 젊은 흑인 남성들에게 마약을 끊게 했다는

---

* 루이스 월컷Louis Walcott, 훗날 루이스 패러칸Farrakhan으로 개명(1933~): 미국 흑인 민족주의자이자 미국의 흑인 무슬림 단체인 네이션 오브 이슬람Nation of Islam의 지도자.

소식도 들었죠. 그 말이 사실인지는 모르겠습니다만, 충분히 그럴 수 있다고 생각합니다. 그렇다고 해서 한 집단은 광신적 반유대주의 이데올로기를 기반으로 하는 과격 테러 조직이고, 다른 하나는 인종주의적 미치광이 집단이라는 사실이 바뀌지는 않죠. 사이언톨로지Scientology*가 사람들에게 마약을 끊게 한다는 것도 의심하지 않습니다. 하지만 제가 이 사람들에게 항상 주장하는 것은, 어떤 집단에 대해 뭔가를 주장할 거면 그 구성원 모두에 대해 인정되는 이야기를 하라는 겁니다. 그렇게 하지 않는다면 그것은 정직하지 못한 말이기 때문입니다.

해리스 여러분은 어떤 이데올로기, 그러니까 발명했기 때문에 명백히 사실이 아니지만 수십억 명에게 전파될 경우 상당히 유용한 이데올로기를 얼마든지 발명할 수 있습니다.

히친스 맞습니다.

해리스 여러분은 이렇게 말할 수 있습니다. "이것은 내가 만

---

* 미국 SF 작가 로널드 허버드의 '다이어네틱스'라는 심리요법에서 출발한 신흥종교.
  ─옮긴이

든 새로운 종교이다. 자식들에게 과학과 수학, 경제학, 그리고 지구상의 모든 학문을 능력이 닿는 데까지 최대한 공부하라고 하라. 열심히 공부하지 않으면 사후에 열일곱 악마에게 고문을 당할 것이다." (일동 웃음) 이런 종교가 나온다면 엄청나게 유용할 겁니다. 이슬람교보다 훨씬 유용할 거예요. 그렇다 해도 이 열일곱 악마가 존재할 확률이 있습니까? 전혀 없습니다.

도킨스 약삭빠른 수법도 있습니다. 학식이 높은 지식인과 신학자들에게는 이 말을 하고, 신도들과 특히 아이들에게는 저 말을 하는 거죠. 여기 있는 모든 분이 제리 폴웰 같은 쉬운 표적을 겨냥하고, 학식 높은 신학 교수들은 못 본 체한다는 비난을 받아왔어요. 다른 분들은 그 점에 대해 어떻게 생각하시는지 모르겠습니다만, 제가 느끼는 점은 학식 높은 신학 교수들이 자기들끼리나 지식인에게 하는 말과 신도들에게 하는 말이 완전히 다르다는 겁니다. 신도들에게는 기적에 대해 이야기하고…….

데 닛 신학자들은 신도와 말하지 않습니다.

도킨스 대주교들은 합니다.

데 닛 네. 그런데 학식 있는 신학자들이 목사나 전도사들에게 말하면, 목사들은 하나도 알아듣지 못할 겁니다. (일동 웃음)

도킨스 맞습니다. 정말 그럴 거예요.

데 닛 수준 높은 신학은 우표 수집과 같다는 사실을 깨달아야 합니다. 매우 특수한 일이죠. 극소수 사람만이 그걸 합니다.

도킨스 그래서 영향력이 거의 없죠.

데 닛 신학자들은 자신의 일에만 관심이 있고, 일반인은 모르는 매우 난해한 세부 사실에 대해 신이 나서 떠들죠. 그들이 속한 종교는 이런 신학자들이 하는 말에는 거의 관심이 없습니다. 물론 약간은 외부에 알려집니다. 하지만 항상 일반 대중이 소화할 수 있도록 부풀려지죠. 왜냐하면 그들이 글로 적어놓은 것은 제 경험상으로는 눈이 감기고 머리가 빙빙 도는, 우리 생활과는 특별한 관계가 없는 매우 미묘한 것이기 때문입니다.

히친스 오, 아닌 경우도 있습니다! (일동 웃음) 여기서 앨리스터 맥그래스° 교수를 칭찬하게 될 줄이야. 그는 리처드를 공격하면서** 우리가 항상 들어왔고 대부분의 기독교도들이 믿는 것을 바로잡아주었죠. 그동안 교부 테르툴리아누스가 "불합리하기 때문에 믿는다Credo quia absurdum"고 말했다고 알고 있었죠. 그런데 아니었습니다. 저도 방금 확인해봤는데, 출처는 확실하지 않지만, 테르툴리아누스는 실제로는 "불가능하기 때문에 믿을 수 있다"*** 라고 말했습니다. 아주 미세한 차이가 있죠. (일동 웃음) 세밀한 점을 구별하는 정신 훈련에 매우 유용합니다. 다시 말해, 믿기지 않으면 지어냈을 가능성이 줄어든다는 겁니다. 그처럼 믿을 수 없는 것을 누가 지어내겠냐는 거죠.

그것은 실제로 논쟁해볼 만한 문제라고 생각합니다. 어쨌든 제가 이 사람들에게 하고 싶은 말은, "당신들은 이메일 또는 편지를 엉뚱한 주소로 보내고 있다"는 겁니다. 모두가 이렇게 말하죠. "근본주의자의 말로 종교를 판단하지 말자." 좋습니다. 영국 국교회를 예로 들어봅시다. 교회의 고위 지도자 두 분이 최근에, 노스요크셔에 홍수가 난 것은 무엇보다 동성애 때문이라고 말했습니다. 아마 노스요크셔의 동성애

•   Alister McGrath(1953~): 북아일랜드의 사제이자 신학자. 옥스퍼드대학교의 과학과 종교 '안드레아스 이드레오스' 석좌교수.

••   도킨스를 반박하는 《도킨스의 신Dawkin's God》이라는 책을 썼다. – 옮긴이

•••   Certum est, quia impossibile : 《De Carne Christi》, 5.

때문은 아닐 겁니다.* 런던의 동성애 때문이라면 모를까. (일 동 웃음)

데 닛 신의 조준이 약간 빗나갔네요. (일동 웃음)

히친스 두 사람 중 한 명인 리버풀 주교**는 차기 캔터베리 대주교가 될 사람이었습니다. 보통 일이 아니죠. 온건하고 사색적이고 사려 깊은 교회가, 광신적인 발언을 쏟아내는 상당히 문제 있는 교회가 되게 생겼으니까요. 저는 앨리스터 맥그래스가 이 주교들에게 무슨 편지를 보낼지 궁금합니다. 저에게가 아니라요. 그는 이렇게 말할까요? "당신들은 자신과 교회를 완전히 바보로 만들었다는 것을 알고 계십니까?" 혹시 그가 이렇게 했습니까? 사적으로 말했다면 별로 감명 깊지 않습니다. 공개적으로 말해야 합니다. 그들은 왜 저를 향해 주교의 말로 교회를 판단하면 안 된다고 말합니까? 저는 그래도 된다고 생각합니다.

- https://www.telegraph.co.uk/news/uknews/1556131/Floods-are-judgment-on-society-say-bishops.html을 보라. 2000년부터 2009년까지 칼라일의 주교를 지낸 그레이엄 도Graham Dow(1942~)가 이런 취지로 한 말을 인용했다.
- •• 제임스 존스James Jones(1948~): 영국 국교회 사제. 1998년부터 2013년까지 리버풀의 주교를 지냈다.

도킨스　학계의 신학자, 주교, 교구 사제들은 우리가 《성경》을 문자 그대로 받아들인다고, 혹은 그렇게 하는 사람들을 비난한다고 공격합니다. 그러면서 "당연히 우리는 〈창세기〉를 문자 그대로 믿지 않는다!"고 말하죠. 하지만 그들은 아담과 이브가 한 일에 대해 설교할 때 마치 아담과 이브가 실존했던 것처럼 말합니다. 그렇게 말해도 되는 면허라도 받은 것처럼요. 하지만 그것이 허구임을 그들은 알고, 학식 있는 사람들은 누구나 알아요. 그런데도 신자들, 그들의 '양들'에게는 아담과 이브가 마치 실존했던 것처럼, 그것이 사실인 것처럼 말합니다. 그래서 엄청나게 많은 신도들이 아담과 이브가 실존했다고 생각합니다.

데　닛　이 설교자들 중 누군가가 그런 이야기를 소개하면서 "이것은 이론적 가설이다. 사실이 아니라 매우 멋진 은유다"라고 말하는 것을 상상할 수 있습니까? 절대 아닙니다. (일동 웃음)

도킨스　그래 놓고 나중에 그걸 꼭 말해야 아느냐는 암시를 던지죠.

데　닛　맞아요. 하지만 그들은 절대 말하지 않을 겁니다.

해리스 또 한 가지는 자기들이 어떤 계기로 《성경》을 문자 그대로 받아들이는 것을 그만두게 되었는지 절대로 시인하지 않는다는 겁니다. 이 사람들은 《성경》을 문자 그대로 받아들이는 우리의 무신경함을 비난하고, 우리가 종교 근본주의자들과 다를 바 없는 근본주의자들이라고 비난합니다. 하지만 이 온건파는 자신들이 왜 온건주의자가 되었는지는 시인하지 않아요. 온건함이 무엇입니까? 《성경》의 명제 전부 또는 그 절반에 대한 믿음을 잃은 거예요. 원인은 과학과 세속 정치로부터 강력한 타격을 받았기 때문이죠.

데 닛 그리고 비판자들의 무신경한 직해주의(문자 그대로 해석하기) 때문이기도 하죠.

해리스 종교는 수많은 질문에 대한 권한을 잃었는데, 온건주의자들은 무슨 논리인지 이것이 믿음의 승리라고 주장합니다. 믿음은 스스로 계몽을 일으킨다고 주장하죠. 하지만 실은 외부로부터 계몽되었고, 과학에 침범당했어요.

히친스 그 점에 대해 저도, 이른바 무신론자의 근본주의에 대해 한마디 하고 싶었습니다. 서더크의 한 성직자가 있는데, 그는 제가 알기로 인쇄 매체에서 당신(리처드)과 제가 런던

지하철을 폭파한 사람들만큼이나 근본주의자라고 공격한 최초의 인물이죠. 혹시 그 이름을 기억하십니까?

도킨스 기억나지 않습니다.

히친스 그는 국교회 서더크 교구의 고위 성직자였습니다.[*] 저는 BBC의 한 프로그램에 그와 함께 출연했습니다. 제가 그에게 물었죠. "신도들을 어떻게 양 떼라고 부를 수 있습니까? 그 말이 당신의 종교에 대해 모든 것을 말해주지 않나요? 당신은 신도들을 양으로 여기는 것 아닌가요?" 그랬더니 그는 이렇게 말하더군요. "글쎄요, 저는 뉴기니에서 목사로 있었는데, 그곳에는 양이 한 마리도 없습니다." 물론 양이 없는 장소도 많습니다. 그 때문에 복음을 전하기가 꽤 어렵죠. (일동 웃음) 그는 말했습니다. "우리는 그 지역에서 가장 중요한 동물이 무엇인지 알아냈습니다. 그 지역의 주교가 벌떡 일어나 신에게 '이 돼지들을 보십시오'라고 말한 것이 생생히 기억납니다." (일동 웃음) 그의 새로운 신도를 말하는 것이었죠.

---

[*] 콜린 슬리Colin Slee(1945~2010): 영국 국교회 성직자. 1994년부터는 서더크의 신부로 2000년부터 사망할 때까지는 주임 사제를 역임했다.

그런데 이런 사람은 다분히 의도적으로 이러는 겁니다. 그건 진실에는 눈곱만큼도 관심이 없는 고무줄 논리이죠. 그러고는 우리가 의심하면, 런던 지하철에서 동료 시민들을 날려버린 사람들과 똑같은 근본주의자라고 말합니다. 비양심적이죠. 따라서 저는 그런 사람들을 조롱하거나 무시한다는 비난에 개의치 않습니다. 솔직히 선택의 여지가 없거든요. 저는 농담을 잘하는데, 어떤 농담에는 뼈가 있습니다. 예의를 차리기 위해 그것을 억누르지 않으려고 합니다.

데 닛 전문가와 아마추어를 구분하는 게 좋다고 보십니까? 저도 여러분처럼 교회 관료들에게 인내심의 한계를 느낍니다. 그들은 교회 일을 전문적으로 하는 사람들이죠. 그들은 잘 아는 사람들입니다. 반면 신도들은 그만큼 모르죠. 왜냐하면 더 알면 안 된다고 가르치니까요. 저는 신도의 믿음을 조롱하는 것이 상당히 불편합니다. 그들이 지도자들에게 모든 것을 양도했기 때문입니다. 그들은 지도자들에게 권한을 위임했고, 지도자들이 알아서 잘할 거라고 생각하죠. 누군가 '최종 책임을 진다'면 그는 누구일까요? 바로 설교자들입니다. 성직자, 주교들이죠. 그래서 우리는 그들에게 압력을 넣어야 합니다. 창조론 문제를 예로 들어보죠. 만일 근본주의 교회에 다니는 누군가가 창조론은 일리가 있다고 생각한

다고 칩시다. 그 교회의 목사가 그렇게 말했기 때문이죠. 그
러면 저는 그 사람을 이해할 수 있고 눈감아줄 수 있습니다.
우리는 모두 진실이라고 생각하는 것의 많은 부분을 우리가
존경하고 권위자로 간주하는 사람으로부터 얻으니까요. 우
리는 모든 것을 일일이 확인하지 않습니다. 하지만 그 목사
는 그런 생각을 어디서 얻었을까요? 저는 그가 그런 생각을
어디서 얻었는지는 상관하지 않습니다. 하지만 그는 신도들
과 달리 자신의 말에 책임을 져야 합니다. 직업상 자신이 무
슨 말을 하는지 알아야 하기 때문입니다.

도킨스 신도들의 무지를 이해한다고 말할 때 우리는 높은 데
서 내려다보며 생색내는 것처럼 들리지 않도록 조심할 필요
가 있습니다. 어떻게 보면 그것은 목사나 전도사의 태도와
비슷합니다.

히친스 맞습니다. 여러분과 리처드가 과학에 대해 말하는 것
을 저는 확인해보지 않고 받아들일 겁니다. 물론 대개는 확
인할 수도 없지만, 여러분이 이미 충분히 확인했을 것이라
는 걸 아니까요. 하지만 만일 여러분이 "주교가 말했기 때문
에 그것을 믿는다"고 말한다면, 제게는 바보짓을 하는 것으
로 보일 겁니다. 누구라도 그렇게 비난할 자격이 있습니다.

인종주의자를 대할 때 그의 의견이 역겹다고 말할 자격이 있는 것처럼 말이죠. 그는 몰라서 그런 말을 했을지도 모르지만, 그렇다고 해서 비난을 면할 수는 없습니다. 그래서도 안 됩니다. 일대일이든, 집단이든 사람들을 직면하지 않는 것이 내려다보는 태도라고 생각합니다. 여론은 자주 틀립니다. 군중의 의견은 거의 항상 틀리죠. 종교적 의견은 정의상 틀립니다. 우리는 이 사실을 피하면 안 됩니다.

이 시점에서 헨리 루이스 멩켄*이라는 이름을 거론하고 싶은데요, 매우 유명한 미국 작가죠. 딱히 제 취향은 아니지만. 니체 철학과 어느 단계의 '사회 다윈주의'가 의미했던 내용이 너무 많이 들어 있거든요. 하지만 왜 그가 1920~1930년대에 이 나라의 수많은 사람에게 엄청난 존경을 받았을까요? 감리교 신자들이 말한 것과 윌리엄 제닝스 브라이언**이 말한 것을 믿는 사람들은 바보라고 말했기 때문입니다. 그들은 속은 것이 아니라 바보라고요. 그들은……

데 닛 그런 말을 믿다니 부끄러운 줄 알아라.

• Henry Louis Mencken(1880~1956): 미국 작가이자 영어학자.

•• William Jennings Bryan(1860~1925): 미국의 민주당 정치인이자 연설가이며, 진화론 반대 운동가. 1925년 스코프스재판에서 세계기독교원리주의협회World Christian Fundamentals Association를 대변하는 변호사로 활동했다.

히친스 맞아요. 그들은 스스로 품위없고 무지해지기를 자처했다는 거죠. 이른바 '돌직구'로 위트, 증거, 추론을 훌륭하게 섞어놓았죠. 그런 말은 통하지 않을 수 없습니다. 아마 현대 세계에 존재한 가장 성공적인 반종교적 논증일 겁니다. 20세기에는 분명 그랬습니다.

해리스 저는 우리가 꼭 짚어봐야 할 한 가지 이슈가 방금 나왔다고 생각합니다. 바로 권위라는 개념이에요. 종교인은 흔히 과학은 현금화되지 않은 수표일 뿐이고, 우리 과학자들은 모두 권위에 의존한다고 주장하기 때문입니다. 우주 상수가 어떤 숫자든 간에 '우주 상수가 그것인지 어떻게 아느냐'는 거죠. 따라서 과학과 더 일반적으로는 합리적 추론에서 우리가 두려움 없이 하고 있는 '권위에 신뢰 두기'와 우리가 비판하는 '설교자나 신학자에게 신뢰 두기'를 구별할 필요가 있습니다.

도킨스 하지만 물리학자가 아닌 우리가 물리학자들이 하는 말을 신뢰할 때 실제로 하는 일은, 물리학자들이 문제를 조사했다는 증거를 확보하는 것입니다. 실험을 했고, 동료가 논문을 검토했고, 서로 비판했으며, 세미나와 강연에서 동료들로부터 엄청난 비판을 받았다는 증거 말입니다.

데 닛 과학 연구의 구조적 특징도 있습니다. 동료 검토 절차
만 있는 게 아닙니다. 매우 중요한 점은, 과학은 경쟁이라
는 것입니다. 예컨대 페르마의 마지막 정리를 증명한 사람
이……

도킨스 앤드루 와일스죠.

데 닛 네, 앤드루 와일스. 우리 중 누군가가 "에라, 모르겠다.
나는 그 증명을 절대 이해하지 못할 거야"라고 말한 이유,
그것이 실제로 증명임을 우리가 확신할 수 있는 이유는 바
로……

해리스 그 사람이 먼저 증명하는 것을 아무도 원하지 않았기
때문이죠. (일동 웃음)

데 닛 그 사람 말고도 전 세계의 모든 뛰어난 수학자가 그 정
리의 증명 방법을 알아내고자 했습니다.

도킨스 네, 그 증명을 발견하려고 했죠.

데 닛 그런데 만일 그들이 이것이 증명이라고 마지못해 인

117

정한다면 그건 증명인 겁니다. 종교에는 이런 게 없어요. 전혀 찾아보기 어렵죠!

히친스 어떤 종교인도 아인슈타인처럼 말할 수 없었습니다. "그가 옳다면, 일식이 일어나는 동안 아프리카 서해안에 다음과 같은 현상이 일어날 것이다." 실제로 아주 작은 오차 범위 내에서 그 현상이 일어났습니다. 예언은 이런 식으로 입증된 적이 한 번도 없죠. 누구도 어떤 가설에 자신의 평판을, 이를테면 자신의 인생을 기꺼이 걸지 않아요.

도킨스 어떤 공개 만남에서 이런 질문을 받은 적이 있습니다. "양자 이론의 신비는 삼위일체 또는 성변화聖變化의 신비와 같은 것 아닙니까?" 이 질문에 리처드 파인먼이 말한 두 마디로 답변할 수 있습니다. 첫째, 리처드 파인먼은 "당신이 양자 이론을 이해한다고 생각한다면 양자 이론을 이해하지 못한 것이다"라고 말했습니다. 양자 이론이 무척 신비하고 이해하기 어렵다는 것을 시인한 셈이죠. 둘째로, 양자 이론의 예측은 실험을 통해 북미 대륙 면적을 머리카락 한 올 크기의 오차 범위로 예측하는 것처럼 정확하게 입증됩니다. 즉, 양자 이론은 정확한 예측으로 단단하게 뒷받침됩니다. 설령 코펜하겐 해석의 신비는 이해하기 어렵다 해도 말입니다. 삼위일체의 신비는 정확한 예측은커녕 예측을 내놓으려고 하지도 않죠.

히친스 신비도 아닙니다.

데 닛 저는 여기서 '신비'라는 말을 사용하고 싶지 않습니다.
철학에서 이 말에 대한 의식을 고취하려는 움직임이 일어나
고 있습니다. 그 안에는 이른바 새로운 신비주의자들이 있
습니다. 이 사람들은 신비mystery라는 말을 좋아합니다. 노엄
촘스키*는 이 세상에는 '문제'와 '신비'라는 두 종류의 질문
이 존재한다고 말했습니다. 문제는 해결할 수 있는 질문이
고 신비는 그렇지 않은 질문이죠.** 우선 저는 그 말에 동의
하지 않습니다. 하지만 그런 구분은 인정하는데, 과학에는
신비라고 할 것이 없다고 말씀드립니다. 문제, 난해한 문제
가 존재할 뿐입니다. 우리가 아직 모르는 것이 존재해요. 어
떤 것은 결코 알지 못할 겁니다. 하지만 인간이 근본적으로
이해할 수 없는 것은 아닙니다. 어떤 것은 근본적으로 이해
할 수 없다는 개념을 미화하는 것은 과학에서는 있을 수 없

---

* Noam Chomsky(1928~): 미국 언어학자이자 다학제 간 연구자. 마음과 언어에 대한
  연구에서 매우 영향력이 있는 학자이다.
** 스티븐 핑커Steven Pinker, 《마음은 어떻게 작동하는가How the Mind Works》, New York:
  W. W. Norton, 1997, p. ix.

는 일이라고 생각합니다.

히친스 이 때문에 우리가 이 대담에서 '난해주의'와 '난독화' 같은 전통적 용어들을 기꺼이 되살려야 합니다. 사실이 그렇기 때문입니다. 또한 이런 것들이 지적인 사람들을 멍청하게 행동하게 만들 수 있다는 점을 지적해야 합니다. 리처드를 공격하는 또 다른 책*을 쓴 존 콘월**은 저의 옛 친구이기도 한데, 매우 똑똑한 사람입니다. 그는 가톨릭교회와 파시즘에 대해 지금까지 출판된 최고의 연구서 중 하나를 썼어요. 그런데 리처드의 책을 비판한 글에서 그는 이렇게 말했죠. 도킨스 교수는 확신하기 전에 먼저 삼위일체에 대한 책들, 이 문제를 풀려고 시도한 무수히 많은 책을 봐야 한다고요. 그런데 종교 서가의 책들 가운데 어느 것도 그 문제를 풀지 못했습니다. 요점은, 삼위일체는 풀 수 없는 문제라는 것이고, 사람들에게 당혹감과 열등감을 느끼게 하기 위해 이용된다는 겁니다.

도킨스 여기서 물리학의 미스터리에 관한 문제를 다시 살펴봤

- 리처드 도킨스의 《만들어진 신》을 비판한 《다윈의 천사Darwin's Angel》를 말한다. —옮긴이
- ● ● John Cornwell(1940~): 영국의 학자이자 작가. 그가 쓴 《히틀러의 교황Hitler's Pope》은 교황 비오 12세를 비판한 작품이다.

으면 합니다. 우리가 양자역학에서 일어나는 일을 직관적으로 알아채지 못하는 것은 인간의 진화한 뇌 때문이 아닐까요? 우리 뇌가 진화한 장소가 제가 '중간 세계'라고 부르는 곳, 즉 아주 미소하거나 우주적 규모로 큰 사물을 다룰 필요가 없는 세계였기 때문이 아닐까요? 하지만 그렇다 해도 우리는 양자역학의 예측을 검증할 수 있습니다. 우리는 수학과 물리학 계산으로 양자역학의 예측을 실제로 검증할 수 있습니다. 누구나 실험 장치의 계기판을 읽을 수 있으니까요.

데 닛 맞아요. 과학자들이 수백 년에 걸쳐 만들어놓은 것이 바로 일련의 도구들이죠. 마음의 도구, 생각하는 도구, 수학 도구. 우리는 그것을 이용해 우리의 진화한 뇌의 한계를 어느 정도 극복할 수 있습니다. 우리 뇌는 말하자면 석기시대의 뇌죠. 그러한 한계를 극복하는 것이 항상 직접적일 필요는 없습니다. 또한 때때로 어떤 것은 포기해야 합니다. 직관적으로 생각할 수 없는 것도 있으니까요. 하지만 직관적으로 생각할 수 없다 해도 진전을 이룰 수 있는 수고스러운 과정이 있습니다. 그래서 그 과정에 권한을 양도해야 합니다. 하지만 우리는 그 과정을 검증할 수 있습니다. 그러면 그 과정은 우리를 A에서 B로 데려다줄 것입니다. 사지 마비 환자라면 인공 장치가 A에서 B로 데려다줄 수 있는 것과 같아요.

A에서 B로 걸어갈 수는 없지만 A에서 B로 갈 수는 있죠.

도킨스 그렇습니다. 더 대담한 물리학자는 이렇게 말할 겁니다. "누가 직관에 신경 쓰나요? 수학이 있잖아요."

데 닛 맞습니다. 그들은 인공기관으로 살아가는 것에 만족합니다.

해리스 그것의 완벽한 예가 3차원 이상의 차원입니다. 우리는 4차원 또는 5차원을 마음속에 그려볼 수 없기 때문이죠. 하지만 수학적으로 표현하는 것은 아무 문제도 안 됩니다.

데 닛 우리는 학부생들에게 n차원 공간을 다루는 방법, n차원 공간의 벡터에 대해 생각하는 방법을 가르칩니다. 학생들은 그러한 공간을 상상할 수 없다는 사실에 익숙해요. 우리가 하는 일은, 3차원을 상상하고 손을 약간 흔들며 "똑같은 거야"라고 말하는 겁니다. 하지만 우리는 수학 계산을 통해 자신의 직관을 확인하고, 이 방법은 잘 통합니다.

도킨스 가령, 우리가 성격을 연구하는 심리학자라고 해봅시다. 성격에는 열다섯 가지 차원이 있다고 말하고, 성격의

15차원을 공간 속의 열다섯 가지 차원으로 간주할 수 있습니다. 그리고 그러한 차원 중 하나를 따라 움직이는 모습을 상상할 수 있습니다. 15차원 공간을 실제로 시각화할 필요는 없습니다.

데 닛 맞아요. 15차원을 구태여 시각화하려고 하지 않습니다. 그리고 '그렇게 하지 않아도 괜찮다'는 사실을 깨닫죠. 그렇게 할 수 있으면 좋겠지만, 사실 우리는 맨눈으로는 박테리아를 볼 수 없는데도 잘 살잖아요.

히친스 예전에 라디오 방송에 출연했는데, 제 말을 반박하는 어떤 사람이 이렇게 말하더군요. 자신은 아무런 증거가 없는데도 원자의 존재를 그냥 믿는데 그것은 원자를 한 번도 본 적이 없기 때문이라고요. 조지 갤러웨이도 그 비슷한 말을 했었죠. 자신은 석유를 한 방울도 본 적이 없다고요.* (일

---

* 2005년 5월, 영국의 반전 운동가이자 하원의원인 조지 갤러웨이George Galloway(그는 9월 이라크전쟁에 대해 크리스토퍼 히친스와 논쟁한다)는 유엔이 이라크에서 진행하는 식량 지원 프로그램oil-for-food(이라크가 군사력을 증대하는 것을 허용하지 않고 일반 시민의 식량, 의약품 및 기타 인도주의적 필요 물품을 제공하기 위해서만 세계시장에 석유를 팔 수 있도록 한 조치.—옮긴이)에서 사익을 취했다는 혐의를 받았다. 그는 미국 상원위원회에 증인으로 출석해 그 사실을 부정하면서 이렇게 말했다. "저는 지금도, 그동안에도 석유 거래를 하지 않았고, 저를 대신해 누군가에게 석유 거래를 시키지도 않았습니다. 저는 석유를 한 방울도 본 적이 없고, 소유한 적도 없으며 구매한 적도 판매한 적도 없습니다……."

동 웃음) 하지만 이 지경에 이른 사람은 갈 데까지 간 거죠. 그런 말을 할 때는 지푸라기라도 잡는 심정인 겁니다.

제가 이 말을 하는 이유는 우리가 편하게 살기를 원해서가 아니라, 이 논쟁을 좀 더 간단하게 만들기 위해서입니다. 우리는 우리가 모르는 게 많이 있다고 기꺼이 말합니다. 홀데인*이 뭐라고 말했느냐 하면 우주는 단지 우리가 생각하는 것보다 이상한 정도가 아니라, 우리가 생각**할 수 있는 것**보다 이상하다고 했습니다. 앞으로 위대한 새로운 발견들이 나올 겁니다. 우리는 살면서 그러한 발견을 보겠지요. 하지만 이 세계에는 엄청난 양의 불확실성이 존재한다는 것을 우리는 알고 있습니다. 그 점이 저들과 우리의 큰 차이죠. 신자들은 신이 존재한다고 말하는 것으로 끝내지 않습니다. 그건 우주에 마음**이 존재한다는 입장으로 이신론이라고 하고, 우리가 반증할 수 없습니다. 그런데 신자들은 그 마음을 **안다**고 말합니다.

해리스 맞아요.

---

* John Burdon Sanderson(J. B. S.) Haldane(1892~1964): 영국의 과학자이자 통계학자. 나중에 귀화 인도인이 되었다.

** 세상일에 관여하거나 계시 또는 기적으로 자기를 나타내는 인격신이 아닌, 우주 질서의 원인으로서의 신을 말함. - 옮긴이

히친스 그 마음을 해석할 수도 있어요. 그들은 그 마음과 친합니다. 때때로 계시를 받고, 브리핑도 받아요. 그러니까 제대로 된 지식인이 제대로 된 논쟁을 시작하기 위해서는, 알 수 있는 것 이상을 안다고 주장하는 사람을 배제해야 합니다. 논쟁을 시작할 때 이렇게 말하는 겁니다. "그렇게 시작하시면 곤란합니다. 그 이야기는 빼고 진행해도 되겠습니까?" 그러면 유신론은 1라운드에서 사라집니다. 토론장을 떠납니다. 쇼에서 하차합니다.

해리스 대니얼이 말한 것에 덧붙이고 싶은 점이 바로 그거예요. 신비는 결국 우리가 삼킬 수밖에 없는 쓴 알약이고, 우리의 인지능력이 어느 수준에서는 진리에 접근할 수 없다 해도 그것이 유신론에 어떤 여지를 주지는 않습니다.

데 닛 당연하죠. 유신론도 그 진리에 접근할 수 없는 것은 마찬가지입니다.

해리스 맞습니다. 그런데도 저들은 계시의 무오류성을 주장하고 있죠.

히친스 또한 저들은 이런 말을 할 만큼 충분히 강했을 때 한 말을 잊으면 안 됩니다. "그것은 모두 사실이다. 그러니 그 것을 믿지 않으면……."

해리스 죽이겠다. (일동 웃음)

히친스 '우리는 당신을 죽일 것이다. 죽이는 데 며칠 걸리겠 지만, 끝내 죽이고야 말 것이다.' 그들이 지금의 힘을 지니게 된 것은 그 당시에 그런 힘이 있었기 때문입니다.

데 닛 그런데 크리스토퍼가 조금 전에 한 말은 많은 종교인 의 가슴속에 공포와 불안을 불러일으킬 겁니다. 그들은 자 신들의 '수'가 금지된 수임을 절실히 느껴본 적이 없기 때문 이죠. 이건 그런 게임이 아니고, 그렇게 하면 안 된다니! 그 런 수를 써도 된다고, 그렇게 토론해도 괜찮다는 말을 평생 들어왔는데, 갑자기 우리가 그들에게 이렇게 말한다고 생각 해보세요. "미안하지만 이 게임에서 그런 수는 쓰면 안 된다. 그런 수를 쓰면 실격 처리된다."

해리스 정확히 말하면 존중받을 수 없는 수죠.

히친스 그런 수가 대충 뭔지 말해주시겠어요? 무엇이 그런 수라고 생각하시는지.

데 닛 믿음이라는 패를 내놓는 겁니다. 예컨대 그들은 이렇게 말합니다. "나는 기독교도이고, 우리는 기독교도이다. 그러니 우리는 이것을 믿어야 한다. 그뿐이다." 이 시점에서 여러분은 이렇게 말합니다. 저는 이것이 최대한 점잖게 말하는 방법이라고 생각합니다. "좋다. 그게 사실이라면 당신은 이 토론에서 빠져야겠다. 열린 마음으로 토론에 임할 능력이 없다고 스스로 선언했으니까."

히친스 좋습니다. 제가 딱 원하는 걸 말씀해주셨네요.

데 닛 변호할 수 없는 견해는 내놓으면 안 됩니다. 우리는 믿음이라는 패를 쓰는 것을 허용하지 않습니다. 《성경》에 적힌 것을 우리가 납득할 수 있는 말로 변호하고 싶다면 그건 괜찮아요. 하지만 《성경》에 적혀 있다는 말 자체는 아무런 소용이 없습니다. 소용이 있다고 생각한다면 오만한 겁니다. 그것은 무조건 밀어붙이는 것이고 우리는 그것을 허용하지 않습니다.

해리스 그것은 다른 신앙의 이름으로 행할 때는 **그들도** 용인하지 않는 수이죠.

데니스 맞아요.

히친스 여기서 세 분 모두에게 질문을 하나 해도 될까요? 이 문제에 관해서는 저보다 현명한 분들이니까. 신의 존재를 과학적으로 반증할 수 있다고 말하는 빅터 스텐저의 책*에 대해 어떻게 생각합니까? 이 문제에 대한 견해는 어떻습니까?

데 닛 어느 신을 말하나요? 그 책을 읽지 않아서요.

히친스 어떤 신이든 관계없습니다. 창조하거나 감독하는 신이고, 분명한 것은 개입하는 신입니다. 아주 포괄적이죠. 제 입장은 항상, 우리는 불확실성과 함께 살아야 하므로 확신하는 사람은 토론이 무르익기 전에 방을 나가야 한다는 것이었습니다. 그런데 빅터 스텐저는 현재 우리가 신의 존재는 반증된다, 즉 증거로 입증되지 않는다고 확신을 가지고 말

---

* Victor Stenger(1935~2014): 미국의 입자물리학자이자 철학자, 대중 과학 저술가이다. 《신 없는 우주God: The Failed Hypothesis, How Science Shows that God Does Not Exist》(New York: Prometheus, 2007.)에서 그는 신의 존재가 반증되었다는 결론에 누구보다 가까이 다가갔다.

할 수 있는 단계에 이르렀다고 생각하는 것 같습니다. 저는 단지 신의 존재는 흥미로운 명제라고 생각했을 뿐이거든요. 우리 의견이 불확실성과 조화를 이룬다는 사실이 제게 중요한 문제이기 때문이죠.

해리스   제가 생각하기에 신이 존재한다는 명제의 가장 큰 약점은 텍스트에 대한 기초적인 주장, 즉 《성경》은 '전지전능한 신의 완벽한 말'이라는 개념이라고 생각합니다. 그것은 매우 허약한 주장입니다. 그런데도 그것은 종교인의 인식론적 기준입니다. 모든 것이 거기에 의존하죠. 만일 《성경》이 마법의 책이 아니라면 기독교는 사라질 겁니다. 《코란》이 마법의 책이 아니라면 이슬람교는 사라질 겁니다. 그런데 여러분이 그 책들을 보고 "이 책이 모든 것을 아는 자의 산물이라는 증거가 눈곱만큼이라도 있는가? 외바퀴 손수레를 새로운 기술로 여긴 사람의 입에서 나올 수 없는 문장이 한 문장이라도 있는가?"라고 자문한다면, 여러분의 대답은 "아니요"일 겁니다. 만일 《성경》에 DNA와 전기, 그 밖에 우리를 깜짝 놀라게 할 만한 것에 대해 적혀 있다면, 우리는 입을 다물지 못할 것이고 그런 지식의 원천에 대해 합리적 대화를 시작해야 할 겁니다.

히친스　디네시 디수자[*]는 우리의 적 중에서도 상당히 학식 있고, 박식하고, 많이 배운 사람 중 한 명이에요. 저는 조만간 그와 토론할 예정입니다만, 아무튼 그는 자신의 새 책[**]에서 사람들이 흔히 조롱하는 〈창세기〉를 보면 "빛이 있으라"는 구절이 있고 몇 구절 뒤에 태양과 달과 별이 생긴다고 말합니다. 어떻게 그럴 수가 있지? 그것은 빅뱅과 일치해요. 《성경》의 말이 맞은 거였어요.

도킨스　애썼지만, 감명 깊지는 않네요.

히친스　은하 이전에 빅뱅이 있었어요. 정말이에요. (일동 웃음)

해리스　제가 《종교의 종말》 맨 끝에 실은 긴 주에서 이런 정신 자세를 입증하려고 했습니다. 믿음의 눈으로 보면 어떤 텍스트에서도 마법 같은 선견지명을 발견할 수 있다는 걸 증명했죠. 서점의 요리책 코너로 가서 아무 요리책이나 펴고 레시피를 찾아요. 아마 깊은 프라이팬에 새우를 살짝 구워

---

[*] Dinesh D'Souza(1961~): 미국의 인도 정치 평론가이자 작가, 영화 제작자. 2010년부터 2012년까지 뉴욕의 기독교 학교인 킹스칼리지 학장을 지냈다.

[**] Dinesh D'Souza, 《What's So Great About Christianity》, Washington DC : Regnery, 2007.

신 없음의 과학　　　　　　　　　　　　　　**130**

해초를 곁들이는 요리였을 거예요. 그런 다음 그 레시피에 대한 신비로운 해석을 떠올리는 거죠. 누구나 할 수 있습니다. 어떤 텍스트를 가지고도 사소한 점들을 연결해 지혜를 발견할 수 있어요.

히친스 마이클 셔머˙가 《성경》에 숨겨진 암호인 '바이블 코드'로 바로 그런 일을 했죠. 정말 잘됩니다. 그것을 가지고 어제 날짜의 신문 헤드라인을 쓸 수도 있습니다.

해리스 세 분에게 질문이 하나 있습니다. 믿음을 옹호하는 어떤 논증이 존재할까요? 여러분을 잠시 멈칫하게 하는 무신론에 대한 반론이 존재할까요? 그런 반론이 여러분을 당황하게 한 적이 있나요? 준비된 답변이 없다고 느낀 순간이 있나요?

데 닛 (웃음) 저는 하나도 떠오르지 않습니다.

도킨스 저는 우주 상수가 믿기지 않을 정도로 이상적이라는 개념이 그런 상황에 가장 흡사하다고 생각합니다. 만일 그

˙ Michael Shermer(1954~): 미국의 과학 저술가이자 과학사가. 스켑틱협회를 만들었다. 'Michael Shermer decodes the Bible Code'(2007년 7월 23일)에 대해 더 알고 싶으면 다음의 웹사이트를 보라. https://www.youtube.com/watch?v=Lk3VgQgxiqE

것이 사실이라면 어떤 설명이 필요한 것처럼 보입니다. 빅터 스텐저는 그것이 사실이 아니라고 생각하지만 많은 물리학자는 사실이라고 생각합니다. 그것이 어떤 식으로든 창조적 지능을 암시한다고 생각하는 것은 물론 아닙니다. 그 창조적 지능이 어디서 왔는지 설명하는 문제가 남기 때문이죠. 우리를 탄생시키기 위해 우주 상수를 미세 조정할 수 있을 정도로 창조적이고 지적인 지능이라면, 그 자신은 훨씬 더 미세 조정되어 있어야 하고…….

히친스 왜 우리 태양계의 다른 모든 행성은 죽은 행성으로 창조했을까요? (웃음)

도킨스 그건 별개 문제입니다.

히친스 몬테피오레 주교*는 이 문제에 아주 능했습니다. 그는 제 친구였죠. 그는 제게 생명이 살 수 있는 조건이 칼날처럼 좁다는 사실에 감탄해야 한다고 말했습니다. 맞아요. 지구의 대부분이 너무 덥거나 너무 춥죠.

---

* Hugh Montefiore(1920~2005): 영국 국교회 신부이자 신학자. 1970년부터 1978년까지 킹스턴의 주교를 지냈고, 1978년부터 1987년까지 버밍엄의 주교를 지냈다.

해리스　맞아요. 그리고 기생충이 득실거리죠.

히친스　생명이 살 수 없을 정도로 덥거나 춥습니다. 게다가 우리가 알기로 지구는 태양계에서 생명이 존재하는 유일한 곳이죠. 어떻게 보면 그리 대단한 설계자가 아닙니다. 게다가 설계자 논증은 무한후퇴*에서 벗어날 수 없습니다. 사실 저는 설계자에 관한 설득력 있는 논증을 지금까지 한 번도 못봤습니다. 하지만 기대한 적도 없어요. 어느 날 저녁에 생각을 하다가 그들이 하는 말 가운데 새로운 건 전혀 없다는 것을 깨달았죠. 왜일까요? 그들의 논증은 아주 오래된 것입니다. 우리가 자연 질서에 대해 아는 게 거의 없었을 때 생긴 거죠.

제가 생각하기에 그나마 호소력이 있는 논증은 '액막이' 논증입니다. 그건 유신론만이 아니라 믿음을 변호하는 논증이기도 하죠. 사람들이 "이 모든 것이 신 덕분이다. 신에게 감사한다"라고 말할 때가 바로 그런 논증을 사용하는 겁니다. 그건 실제로는 일종의 겸손입니다. 미신적인 겸손이죠. 제가 '액막이'라고 표현한 이유가 거기에 있습니다. 하지만

---

*　어느 사항의 성립 조건을 구하고 다시 그 조건을 구하는 식으로 무한히 소급하는 일을 말함. ─옮긴이

그런 믿음은 오만을 피하게 하죠. 그런 이유로 일신교 이전의 사고방식이기도 합니다. 저는 종교가 사람들이 도덕적으로나 지적으로 오만을 피할 수 있도록 돕는다고 생각합니다.

도킨스   하지만 그건 참인 논증이 아닙니다.

히친스   물론입니다. 그런 논증은 존재하지 않고, 존재할 수도 없습니다.

해리스   질문을 좀 넓혀야 할 것 같은데요.

데 닛   잠깐만요. 저는 제 믿음을 뿌리까지 흔드는 여러 가지 발견을 제시할 수 있습니다.

히친스   선캄브리아기 시대의 토끼도 있죠.*

도킨스   아니, 그게 아니고. (일동 웃음)

---

*   J. B. S. 홀데인이 진화에 대한 믿음을 흔들 수 있는 것이 무엇이냐는 질문을 받았을 때 말한 대답으로 알려져 있다.

해리스 저는 종교적 믿음의 타당성을 주장하는 논증이 아니라, 우리가 하고 있는 일, 즉 믿음을 비판하는 것이 나쁜 짓임을 암시하는 논증을 찾고 있습니다.

도킨스 그쪽이 훨씬 쉽습니다. 예컨대 누군가는, 모든 사람이 거짓을 믿는다면 세상이 더 살기 좋은 곳이 될 거라고 주장하는 논증을 제시할 수 있겠죠.

데 닛 아, 그런 말씀이군요.

해리스 여러분의 저서나 비판자들과 나눈 대화에서 그러한 논증에 대해 생각해보게 되는 맥락이 있나요?

데 닛 물론 있습니다. 《주문을 깨다》보다는 자유의지에 관한 책인 《자유는 진화한다Freedom Evolves》를 쓸 때, 저는 기본적으로 종교적 견해와 매우 흡사한 의견을 표현하는 비판자들과 계속 맞닥뜨렸습니다. 즉, 자유의지는 중요한 개념이라서 만일 우리가 자유의지라는 개념을 포기한다면 사람들은 책임감을 잃을 것이고 우리는 혼돈에 빠질 거라는 주장이었죠. 사람들은 이 문제에 대해 깊이 생각하고 싶어 하지 않아요. 시선을 돌리고, 자유의지와 결정론이라는 쟁점을 자세히 들여다보지 않습니다. 그래서 저는 주변 세계에 미치는 여파라는 범주에서 이 문제에 대해 솔직히 생각해봤습니다. "내 억누를 수 없는 호기심만으로 참이든 거짓이든 어떤 사실을 분명히 표현해도 될까?" "그것이 세계에 파괴적인 영향을 미친다면 나는 입을 다물고 주제를 바꾸어야 할까?" 이것은 우리 모두가 생각해봐야 할 좋은 질문이라고 생각합니다. 저는 이 질문에 대해 많은 시간을 들여 열심히 생각했고, 나름의 결론에 도달했어요. 그러지 않았다면 그 두 권의 책을 내지 않았을 겁니다. 제가 내린 결론은 이대로 진행해도 세상이 안전할 뿐 아니라 그렇게 해야 한다는 겁니다. 저는 여러분이 이 질문에 대해 생각해봐야 한다고 생각합니다.

도킨스 그것은 책을 내는 데 고려해야 할 점이지, '이것은 참인가 거짓인가?'에 대한 결정을 내리는 것에 영향을 미쳐서는 안 됩니다. 정치적 동기가 있는 비판자들이 흔히 하는 일을 해서는 안 됩니다. 그들은 "이것은 정치적으로 몹시 불쾌하기 때문에 참일 수 없다"라고 말하죠.

데 닛 그렇고 말고요.

도킨스 그것은 다른…….

데 닛 그것은 완전히 다른 문제죠. 맞습니다.

히친스 백인과 흑인의 지능에 대한 '종형곡선'*이 아이큐에 대한 정확한 해석이라고 생각하게 되는 순간과 비슷합니다. 그럴 때 이렇게 말하게 되죠. "이제 어쩌지?" 다행히 실제로는 그럴 일이 없습니다.

해리스 제가 그 문제를 떠올린 곳을 말씀드리면요. 확실하지 않지만 〈LA 타임스〉의 사설-논평 면이었다고 기억합니다. 누군가 이렇게 주장했습니다. 미국의 이슬람 집단이 서유럽에서와 같은 방식으로 과격화하지 않은 이유는, 우리의 담론에서는 믿음을 매우 존중해서 이슬람 집단이 서유럽에서와 같이 고립되어 불만이 들끓지 않기 때문이라고요. 저는 그것이 사실인지는 모릅니다만, 사실이라면 잠시 생각해보게 될 것 같습니다.

---

* 1994년 하버드대학교 교수 찰스 머리Charles Murray와 리처드 헌스타인Richard Herrnstein 은 저서 《종형곡선Bell Curve》에서, 지능 분포도를 그래프로 나타냈을 때 90~110의 중간 계층이 많아 종鐘형을 이루는데, 종의 하부인 75 미만의 인구 대부분이 흑인이며 이들의 낮은 지능은 유전적으로 결정된 것이라는 주장을 펼쳐 국제적 비난을 받았다. - 옮긴이

히친스 흥미로운 주장이군요. 세계은행 총재를 지낸 제임스 울펀슨*은 최근에 가자 지구의 협상자로 나섰는데, 자신이 정통파 유대인이기 때문에 무슬림 형제단과 하마스에 엄청나게 좋은 영향을 미쳤다고 확신한다고 말했습니다. 저는 만일 그렇다면 역겨운 일이라고 생각합니다. 그는 애당초 그 일에 나서지 말았어야 합니다. 그 분쟁에 대해 우리가 확실히 아는 한 가지 사실은 유일신교 때문에 그 지경이 되었다는 겁니다. 단지 국가 간의 영토 분쟁이었다면 지금쯤은 해결되었을 겁니다. 설령 그 말이 사실이라도 그 사람이 그렇게 말하면서 만족감을 드러내면 저 같으면 반감이 더 커질 것 같습니다.

---

* James Wolfensohn(1933~): 오스트레일리아계 미국인 변호사이자 금융인, 경제학자. 1995년부터 2005년까지 세계은행 총재를 지냈고, 2005년부터 2006년까지 가자 지구의 교전 중지를 위한 UN 및 팔레스타인-이스라엘 평화 중재 4자 회담의 특사로 일했다.

해리스 여기서 두 가지 쟁점이 만납니다. 하나는 '우리가 달성하고 싶은 목표는 무엇인가?'입니다. 이성적으로 생각할 때 우리가 무엇을 달성할 수 있을까? 또 하나는 불행히도 무신론 관점을 지닌 사람들 사이에서조차 누군가를 설득해 종교적 믿음을 포기하게 할 수 없다는 신념이 존재한다는 것입니다. 그러면 이 모든 게 완전히 공허한 활동일까요? 사상 전쟁에서 우리가 실제로 이길 수 있을까요? 제가 받은 이메일을 토대로 판단하면 우리는 이길 수 있습니다. 저는 신앙을 잃은 사람들, 사실상 설득되어 신앙을 버린 사람들에게 꾸준히 이메일을 받고 있습니다. 낙타의 등뼈를 부러뜨린 지푸라기는 우리가 쓴 책 중 한 권이거나, 어떤 다른 추론 과정, 또는 그들이 사실이라고 알고 있는 것과 자신들의 종교가 말하는 것의 양립 불가능성이었습니다. 저는 사람들이 자신의 신앙에 내재된 모순, 또는 우주에 대해 밝혀진 사실과 자신의 신앙 사이의 모순을 깨닫는 것이 가능하다는 사실을 강조해야 한다고 생각합니다. 이 과정은 몇 분이 걸릴 수도 있고, 몇 달이나 몇 년이 걸릴 수도 있지만, 그들은 사실에 직면해 미신을 포기할 수밖에 없을 겁니다.

도킨스 일전에 학식이 높은 생물학자와 논쟁을 했어요. 그는 뛰어난 진화 해설자이지만 신을 믿는 사람이죠.* 제가 말했어요. "어떻게 그럴 수 있죠? 비결이 뭡니까?" 그는 이렇게 답하더군요. "저는 당신의 합리적인 논증 전부를 받아들입니다. 하지만 그것은 신앙입니다." 그런 다음에 매우 의미심장한 한마디를 했어요. "그것을 신앙이라고 부르는 이유가 있습니다." 아주 단호하게 말했어요. 공격적으로 들릴 정도였죠. "그것을 신앙이라고 부르는 이유가 있습니다." 그것은 그에게 상대를 쓰러뜨리는 결정적 한 방이었죠. 그런 말은 반박할 수가 없습니다. 신앙이니까요. 게다가 그는 그 말을 일종의 변명투가 아니라 단호하고 자랑스럽게 말했습니다.

---

* 케네스 밀러Kenneth R. Miller(1948~): 브라운대학교 생물학 교수로 세포생물학과 일반 생물학을 가르친다.

히친스 북아메리카에 살면 "윌리엄 제임스*를 읽어야 한다",
"타인의 주관적 경험을 판단할 수 있다"라고 말하는 부류로
부터 그런 말을 항상 듣습니다. 사실 다른 사람의 주관적 경
험을 판단하는 것은 원리상 불가능한 일이죠. '그 사람한테
사실이라면 왜 그걸 존중해주지 못하냐'는 논리인데, 그런
논리는 어느 분야에서도 받아들여지지 않습니다. 그들은 본
인이 받은 인상이 중요하다고 봅니다.

예전에 오렌지카운티에서 고위 장로교 신도와 논쟁한 적이
있습니다. 우리는 《성경》을 문자 그대로 해석하는 문제에 대
해 대화를 나누었는데, 그는 그것을 찬성하는 사람이 아니
었습니다. 제가 그에게 물었어요. "〈마태복음〉에 따르면, 그
리스도가 십자가에 못 박힐 당시 무덤이 열렸다는데 그건
어떻게 생각해야 합니까? 예루살렘의 무덤에서 모든 사람이
나와 돌아다니며 그 도시의 옛 친구들을 만났다는 말은 어
떻게 받아들여야 합니까?" 제 질문의 의도는 '그런 이야기
가 오히려 예수가 부활했다는 개념의 가치를 떨어뜨리지 않
느냐'는 거였어요. 하지만 그는 제 의도를 오해했습니다. 그
가 그 이야기를 정말 **믿는지** 제가 알고 싶어 한다고 생각한

---

* William James(1842~1910): 미국 철학자이자 심리학자. 저서로 《종교적 경험의 다양성
The Varieties of Religious Experience》(New York: Longmans, Green & Co., 1902.)이 있다.

네 기사의 토론

겁니다. 그는 이렇게 대답하더군요. "역사학자일 때 역사학
자로서는 그것을 의심했지만, 장로교 사제로서는 사실이라
고 생각합니다." 뭐, 그거면 됐죠. 저로서는 그가 그런 말을
하게 만든 것으로 충분했으니까요. 그래서 저는 말했습니다.
"이상입니다. 더 이상 할 말이 없습니다. 내가 할 말을 당신
이 다 했습니다."

해리스 이와 관련해 이야기해볼 만한 현상이 또 하나 있습니
다. 크리스토퍼가 언급한 프랜시스 콜린스 같은 사람, 즉 의
제로 올라온 사실을 충분히 알고, 과학교육을 충분히 받아
서 알 만큼 아는 사람이지만, 잘 모르거나 모른다고 공언하
는 사람들이 있다는 겁니다.

여기에는 문화적 문제가 있다고 생각합니다. 저는 강연을
하러 갔다가 그것을 절실히 깨달았죠. 강연이 끝났을 때 한
물리학 교수가 제게 다가와, 대학원생 제자를 여기 데려왔
는데 그 학생은 독실한 기독교도이지만 제 강연을 듣고 상
당히 흔들렸다고 말하더군요. 저는 그 학생의 신앙이 분명
하게 흔들린 것은 이번이 처음이라는 말로 알아들었죠. 실
제로 과학자가 되는 교육을 받고도 종교적 믿음이 전혀 흔
들리지 않을 수도 있는 겁니다. 그렇게 하는 것은 문화적 금
기이기 때문이죠.

그러니 이슬람 세계의 공학자들이 핵폭탄을 만들면서도 천국에 가서 일흔두 명의 처녀를 얻을 수 있다는 말을 믿는 거죠. 또한 프랜시스 콜린스 같은 사람들이 생기는 겁니다. 일요일에는 얼어붙은 폭포가 앞에 있다는 이유로 이슬 맺힌 풀밭에 무릎을 꿇고 예수에게 자신을 맡기고, 월요일에는 유전학자가 될 수 있다고 생각하는 사람들 말입니다.

히친스 파키스탄의 훌륭한 물리학자인 제 친구 페르베즈 후드보이*에 따르면, 이슬람교 신화의 정령과 악마의 힘을 원자로에 이용할 수 있다고 생각하는 사람들도 있답니다.

해리스 그러한 프로젝트가 있다면 투자하고 싶을 것 같은데요.

데　닛 사람들의 신앙을 흔드는 것은 생각보다 쉬울지도 모릅니다. 이 일은 오랫동안 유예되어왔어요. 하지만 우리가 사람들의 신앙을 흔드는 새로운 물결을 일으키기 시작했고, 결실을 맺고 있습니다. 제가 보기에 현재의 장애물은 사실이나 논증이 없는 것이 아닙니다. 전략적 이유로 신앙을 포

---

* Pervez Hoodbhoy(1950~): 파키스탄의 핵물리학자. 파키스탄에서 언론의 자유, 교육, 세속주의를 촉진했다.

기했음을 공언하지 않고, 시인하지 않는 것이 더 문제입니다. 사람들은 그런 사실을 자신에게나 공개적으로 시인하지 않습니다. 가족이 배신으로 간주할 테니까요. 게다가 오랫동안 속아왔음을 인정하는 것이 창피하기도 하죠.

그 모든 믿음을 포기했다고 선언하기 위해서는 엄청난 용기가 필요하다고 생각합니다. 그래서 우리가 할 수 있는 일은 사람들이 그런 용기를 내게끔 도울 방법을 찾고, 믿음을 포기했는데도 아무 문제가 없는 사람들의 사례를 제시하는 겁니다. 부모나 가까운 사람들의 사랑을 잃을 수도 있겠죠. 식구들에게 상처를 줄지도 모르고요. 그렇다 해도 우리는 그들을 독려해야 합니다. 할 수 없다고 지레짐작해서는 안 됩니다. 우리는 할 수 있다고 생각해요.

도킨스 맞습니다. 그 사람들은 신앙 없이 살 수 없다고 생각하며 포기하는 것은 저 위에서 내려다보며 은혜라도 베푸는 듯한 태도이죠. 다른 한편으로, 우리는 뇌를 분리하는 그 어려운 일을 잘 해내는 것처럼 보이는 사람들을 알고 있습니다. 샘이 말했듯이 그런 사람들은 일요일에는 이걸 믿고, 주중에는 그런 믿음과 양립할 수 없는 완전히 모순된 것을 믿어요. 사실 신경학적으로는 아무런 문제가 없다고 봐요. 그런 식으로 분리된 뇌를 지니면 안 될 이유가 전혀 없습니다.

데 닛 하지만 어떤 면에서는 불안정합니다. 어쨌든 리처드의 말대로 사람들은 그렇게 하면서 잘 삽니다. 그렇게 하는 비결은 자신들이 그렇게 하고 있다는 사실에 관심을 두지 않는 겁니다.

도킨스 하지만 어떻게 그런 모순을 안고 살 수 있죠?

데 닛 자신들이 그렇게 하고 있다는 것을 잊는 겁니다. 거기에 주의를 기울이지 않는 거죠. 제가 해보고 싶은 일이 있는데, 그들이 그렇게 하고 있을 때 머릿속에 저절로 떠오르는 기억하기 쉬운 문구를 개발하는 겁니다. 그러면 그들은 이렇게 생각할 겁니다. '이게 바로 데닛, 도킨스, 해리스, 히친스가 말하는 우주적 전환이구나. 알겠어! 이렇게 하면 안 된다는 거구나.' 이런 식으로 그들이 하고 있는 것이 얼마나 이상한 일인지 알아차리게 하는 거죠.

히친스 이렇게 말해도 될지 모르겠지만, 저는 인지 부조화가 일상생활을 영위하는 데 필수일지도 모른다는 생각이 듭니다. 모든 사람이 약간은 그렇게 생활하죠.

데 닛 인지 부조화를 감내한다는 말씀입니까?

히친스 아뇨, 그것이 생활화되어 있다는 말입니다. 무브온
MoveOn.org*에서 활동하는 사람들을 예로 들어봅시다. 그들
은 미국 정부는 야만적이고, 군국주의적이고, 제국주의적인
정권이라고 생각합니다. 가난한 사람을 짓밟고 다른 나라를
침입한다는 거죠. 하지만 그러면서도 그들은 세금을 냅니다.
그것도 꼬박꼬박 내죠. 또 자식들을 공립학교에 보내고, 자
신이 맡은 일을 합니다. 항상 활동가로 살지는 않는 거죠. 그
들은 마치 자신들이 믿는 것의 10퍼센트만 진실인 것처럼
행동합니다. 항상 행동하기는 불가능하죠. 예컨대 1950년대
에 미국의 반공 극우 단체인 존 버치 협회John Birch Society 회
원들은 아이젠하워 대통령을 공산주의자라고 생각했어요.
눈만 뜨면 백악관은 크렘린이 운영하고 있다는 헛소리를 믿
었죠. 하지만 식료품을 사러 가야 하고 일도 해야 합니다.

해리스 맞아요, 할 일이 너무 많아요.

도킨스 뭘 믿든 간에 나가서 일을 해야 하죠.

히친스 하지만 믿음은 절대 흔들리지 않습니다. 그건 매우 중

---

*   미국의 진보적 공공 정책 변호 집단으로, 1998년에 결성했다.

요하니까요. 하지만 인생에서, 실생활에서 자신이 믿는 것을 지키거나 실행할 방법은 없습니다. 비슷한 예로, "어느 한 자식 또는 부모 중 한쪽을 편애하면 안 되지만 나는 편애한다. 티를 내지 않으려고 할 뿐이다"라고 말하는 사람들도 마찬가지입니다. 이런 일은 널렸습니다. 상원의원 크레이그*가 자신이 동성애자가 아니라고 말하는 것도 그래요. 그는 자신이 절대 동성애자가 아니라고 생각합니다. 하지만 동성애자라거나 아니라는 말에 따라 인생을 꾸려갈 수는 없습니다. 따라서 제가 묻고 싶은 질문은 이거였습니다. 우리는 진짜 목표가 무엇인지 자문해봐야 합니다. 믿음 없는 세계를 실제로 보고 싶은가? 저는 그렇지 않다고 말해야 할 것 같습니다. 그런 세계를 기대하거나 바라지 않습니다.

해리스   어떤 뜻의 믿음을 말씀하시는 거죠?

히친스   제가 보기에, 믿음은 줄어들고 대체되고 신임을 잃는 것만큼 아주 빠르게 복제되는데, 그것은 프로이트가 말하는

---

*　Larry Craig(1945~): 아이다호주에서 1991년부터 2009년까지 미국 공화당 상원의원을 지냈다. 2007년 6월에 '음란 행위'로 체포되었고, '풍기 문란 행위'라는 그보다 가벼운 죄에 대해 유죄를 인정했다. 그는 자신은 동성애자가 아니고 한 번도 동성애자인 적이 없다고 진술했다.

무의식 때문이라고 생각합니다. 주로 소멸에 대한 두려움을 처리하기 위해서죠.

해리스 그러니까 초자연적인 틀의 믿음을 말씀하시는 거죠?

히친스 네, 희망적 사고를 말합니다. 그리고 다른 한 가지는 이 논쟁이 "이번 판은 히친스가 이겼다. 이제는 아무도 신을 믿지 않는다"라고 모든 사람이 인정하는 것으로 끝나기를 원하느냐는 겁니다. 저로서는 그런 결말을 떠올릴 수 없는 건 물론이고 (일동 웃음) 그것이 제가 원하는 것인지조차 확실히 모르겠습니다. 저는 오히려 신에 대한 믿음을 인식론, 철학, 생물학 등에 관한 모든 논증의 토대로 간주해야 하지 않나 생각합니다. 여러분이 항상 논박해야 하는 것, 다른 설명으로 두는 거죠.

도킨스 지금 엄청난 말씀을 하신 것 같은데요, 당신이 하는 말이 잘 이해되지 않습니다. 그러니까 무신론의 승리가 절대 불가능하다고 말씀하신 부분은 이해가 되는데, 왜 그것을 바라지 않는지는 이해가 안 됩니다.

히친스 헉슬리*와 윌버포스**, 또는 클래런스 대로***와 윌리
엄 제닝스 브라이언 사이의 논쟁 같은 것이 계속되기를 바
라기 때문입니다.

도킨스 그런 논쟁이 흥미롭기 때문이라는 말씀이군요.

히친스 저는 우리 편이 지금보다 더 정제되고 저쪽의 정체가
지금보다 더 노출되기를 바랍니다. 하지만 이런 일은 한 손
바닥만 쳐서는 일어날 수 없습니다.

해리스 지하디스트와 이 논쟁을 계속 이어가고 싶지는 않으
시겠죠?

히친스 네, 하지만 저는 지하디스트와 의견 차이가 없습니다.

---

* Thomas Henry Huxley(1825~1895): 다윈의 진화론을 옹호하는 영국의 생물학자.
  1860년 영국 과학진흥협회가 주최하여 옥스퍼드에서 열린 진화론 논쟁에서 새뮤얼
  윌버포스 주교를 상대로 반론을 펼쳤다.

** Samuel Wilberforce(1805~1873): 영국 국교회 성직자. 1845년부터 옥스퍼드 주교를
  지냈다. 1860년 옥스퍼드에서 열린 진화론을 주제로 한 논쟁에 참가해 인간과 유인원
  이 공통 조상을 공유한다는 다윈의 주장에 반론을 펼쳤다.

*** Clarence Darrow(1857~1938): 미국의 변호사. 1925년의 스코프스재판에서 교사인 피
  고 존 스코프스의 변호인을 맡아 검찰 측 대표인 브라이언에 맞섰다.

해리스 글쎄요, 타당성이라는 측면에서 차이가 있습니다.

히친스 아뇨, 실질적으로는 차이가 없어요. 그 점에 대해서는 왈가왈부할 것이 없습니다. 간단해요. 저는 그들이 근절되기를 원합니다. 그건 순전히 제 안의 영장류적 반응입니다. 나 자신의 생존을 보장하기 위해 적을 파괴할 필요를 인식하는 거죠. 그들이 무슨 생각을 하는지에는 아무런 관심이 없습니다. 우리가 아직 이슬람에 관한 질문은 다루지 않았지만, 저는 지하디스트가 무슨 생각을 하는지는 전혀 관심이 없습니다. 오직 그들을 파괴하는 방법을 갈고닦는 데 관심이 있을 뿐입니다. 그런데 그렇게 해서는 세속의 지지를 거의 얻지 못합니다.

해리스 눈여겨볼 지적입니다.

히친스 대부분의 무신론자는 이 싸움을 원치 않습니다. 가장 중요한 적이 바로 그들이 회피하고 싶어 하는 적인 셈이죠. 그들은 차라리 빌리 그레이엄*에게 가서 야유를 퍼붓는 편

---

* Billy Graham(1918~2018): 미국 남부 침례회 연맹의 사제이자 복음주의자. 옥내와 옥외의 대규모 집회에서 설교하는 것으로 유명하다.

을 택합니다. 그렇게 하는 데는 아무런 위험이 없다는 것을
알기 때문입니다.

데 닛 그건 우리가 이 사람들을 절멸시킨다는 개념을 싫어
하기 때문이 아닐까요?

히친스 아뇨, 저는 "근절한다"라고 말했습니다.

데 닛 근절한다?

히친스 지하디스트 세력의 완전한 파괴. 절멸은 종에 적용하
는 말인 것 같습니다.

도킨스 하지만 크리스토퍼, 당신의 논점으로 돌아가 보면 마
치 당신이 논쟁을 좋아한다는 말처럼 들려요. 지적 논쟁의
장을 좋아하기 때문에 그것을 잃고 싶지 않다.

히친스 '논쟁'보다는 '변증법'이라고 말하는 편이 더 낫겠습니
다. 다시 말해 우리는 타인과 논쟁하면서 배웁니다. 저는 여
기 모인 사람이 모두 이런 배경에서 자신의 논리적 추론 능
력을 높였다고 생각합니다.

도킨스 하지만 추론할 것은 그 밖에도 많습니다. 종교에 맞서 싸워 이기면 우리는 과학 또는 우리가 평소에 하는 일로 돌아가, 그것에 대해 논쟁하고 추론할 수 있습니다. 세상에는 논쟁거리가 무수히 많고, 그것은 실제로 논쟁해볼 가치가 있는 것입니다.

히친스 앞으로도 누군가는 자신의 존재를 생물학 법칙 덕분이라고 말하고, 다른 사람은 자신의 존재가 자신을 위해 마련된 신의 계획 덕분이라고 말하는 상황은 계속될 겁니다.

도킨스 글쎄요, 그건…….

히친스 어느 관점을 취하는지를 보면 그 사람에 대해 많은 것을 알 수 있습니다. 그리고 아시다시피 두 견해 중 한쪽만 타당합니다. 그런데 우리가 그걸 어떻게 알까요? 반대쪽 견해와 대조해야죠. 그래서 그 반대쪽이 사라지지 않을 것 같습니다.

해리스 유사한 예를 하나 들어보겠습니다. 역사의 어느 시점에는 마술에 대해서도 같은 말을 할 수 있었을 겁니다.

히친스 맞습니다.

해리스 모든 문화에는 마녀에 대한 믿음, 마법의 효능에 대한 믿음이 있었습니다. '마법은 도처에 있고, 우리는 그것을 결코 제거하지 못할 것이다. 시도하는 사람이 바보다.' 또는 '변증법의 문제로만 시도할 수 있을 뿐이지만, 마법은 영원히 우리 곁에 있을 것이다.' 이렇게 말할 수 있었습니다. 그런데도 마법은 거의 예외 없이 사라졌습니다. 제 말은…….

히친스 전혀 그렇지 않습니다. 마법은 근절할 수 없고 오히려 잡초처럼 퍼집니다. 대개는 애니미스트와 기독교도의 손에서 퍼지죠.

데 닛 서양 세계에서는 그렇지 않습니다.

해리스 저는 노골적인 마법을 말씀드린 겁니다. 의학 이전에 존재했던 저주의 마법 말입니다.

히친스 그걸 제거했다고 생각하십니까?

해리스 근본적으로 제거했다고 생각합니다.

도킨스 어쨌든 크리스토퍼, 당신은 그걸 제거하는 것을 원치 않으십니까?

히친스 지금 위카Wicca* 추종자들이 알링턴 국립묘지에 묻힐 수 있게 해달라는 운동을 벌이고 있습니다.

해리스 저는 지금 어떤 인과관계가 있다고 생각해 이웃을 죽이는 행위를 말하는 겁니다. 이웃이 악의를 품고 심령술을 써서 내 아이를 저주하고, 내 농작물을 망가뜨렸다고 생각하는 거죠. 이런 행동은 의학에 대한 무지에서 비롯합니다.

히친스 그렇습니다.

해리스 왜 병에 걸리는지 몰라서 이웃에게 사악한 의도가 있다고 의심하고, 마법으로 그 공백을 채우죠.

히친스 그런 경우에는 저도 믿음이 없어지기를 바라지 않는다고 말하지 않을 것이고, 우리가 흥미로운 논쟁 상대를 잃

---

* 제럴드 가드너라는 영국 공무원이 1954년에 처음 공표한 신흥종교 또는 종교운동. 가드너는 이 종교가 수백 년 동안 비밀리에 존재해온 마법 문화의 현대적 존재 형태라고 주장했다. - 옮긴이

었다고 말하지 않을 겁니다.

해리스 하지만 우리는 지금 마녀가 의료 행위를 침범하고 있다는 주장을 다루는 것이 아닙니다. 대체 의학과 침술에 대해 이야기하고 있는 게 아닙니다. 저는 진짜 마법, 중세 마법에 대해 말하고 있는 겁니다.

히친스 저는 실제로 그것을 할 뻔했는데요. 〈워싱턴 포스트〉에는 날마다 별점이 실려요.

해리스 별점은 또 다른 문제예요.

데 닛 네, 점성술은 약한…….

히친스 점성술은 이 토론에서 뺍시다. 점성술은 근절되지 않을 거예요.

데 닛 좋습니다. 그런데 점성술은 근절될 필요가 없습니다.

도킨스 그런데 크리스토퍼, 당신은 그것이 근절될 것인가와 근절되기를 원하는가를 혼동하고 있습니다. 마치 논박할 상

대가 필요하기 때문에 그것이 근절되기를 원치 않는다는 말
처럼 들립니다. 위트를 갈고 다듬기 위해.

히친스 맞습니다. 그것이 실제로 제가 원하는 것입니다.

데 닛 그런데 근절을 고려하는 대신 진화역학자의 방식대
로 생각하면 어떨까요? '우리가 원하는 것은 비병원성의 진
화를 촉진하는 것이다. 우리는 해로운 종류를 제거하고 싶
다.' 저는 점성술은 상관하지 않습니다. 그것이 무척 해롭다
고 생각하지 않아요. 레이건이 결정을 내리기 위해 점성술
을 사용했다는 말을 들었을 때는 약간 겁이 났지만, 이례적
인 경우를 제외하면 점성술을 중시하는 미신은 비교적 해롭
지 않다고 생각합니다. 다른 종교도 점성술의 지위로 강등
시킬 수만 있다면 정말 좋겠습니다.

히친스 여러분은 제 대답을 좋아하지 않지만, 우리는 이런 질
문을 받게 될 겁니다. 실제로 오늘 TV에 출연했을 때 제가
받은 질문입니다. "오늘 아침 미국에서 교회에 가는 사람이
아무도 없기를 바랍니까?"

데 닛 뭐라고 대답하셨습니까?

히친스 제 대답은 이미 말씀드린 것 같은데요. 리처드는 동의하지 않았고요. 하지만 오늘 아침에는 이렇게 답했습니다. "나는 거짓 위안이 없으면 사람들이 훨씬 더 잘 살 거라고 생각하고, 사람들이 자신의 믿음으로 내게 고통을 주지 않기를 바란다." 그 사람들이 믿음을 포기하면 자신에게나 저에게나 좋다는 거죠. 그런 점에서 저는 자기모순에 빠져 있는 것 같습니다. 그들이 믿음을 버리기를 바라지만, 그렇게 되면 저는 논쟁 상대를 잃게 됩니다. 그래서 저는 내 말만 잘 들으면 교회를 끊을 거다, 이렇게 말하지는 않았습니다. 따라서 여기에는 두 가지 질문이 존재합니다.

하지만 여러분의 생각을 듣고 싶군요. 여러분은 아무도 믿음이 없는 세계를 기대한다고 말하시겠습니까?

도킨스 네, 저는 이렇게 답하고 싶습니다. 점성술이든 종교든 저는 사람들이 회의적으로 사고하고, 증거를 들여다보는 세상에서 살고 싶어요. 점성술이 해롭다는 게 아닙니다. 점성술은 아마 해롭지 않을 거예요. 하지만 자기가 어떤 것을 증거 없이 믿는다는 이유로 그래도 된다고 생각하며 산다면 너무 많은 것을 놓치게 됩니다. 이 세계에서 사는 것, 왜 우리가 이 세계에서 살고 있는지 이해하는 것, 세계가 어떻게 작동하는지 이해하고 별과 천문학에 대해 이해하는 것은 대단히 경이로운 경험입니다. 반면 모든 일을 좀스러운 점성술로 환원하는 것은 궁핍한 일이죠.

종교에 대해서도 같은 말을 할 수 있다고 생각합니다. 우주는 웅대하고, 아름답고, 경이로운 곳입니다. 반면에 정령, 초자연적 창조자, 초자연적 간섭자를 믿는 것은 좀스럽고 편협하고 시시한 일이죠. 미학적 이유로 믿음을 없애고 싶다는 주장을 할 수 있다고 생각합니다.

히친스   그 생각에 열렬히 동의합니다.

데   닛   하지만 우선순위에 대해 이야기해봅시다. 우리가 일단 정도가 지나친, 가장 해롭고 불쾌한 것을 제거할 수 있다면 가장 먼저 무엇을 목표로 삼으시겠습니까? 가장 짜릿한 목표는 무엇일까요? 이슬람교를 봅시다. 이슬람교를 최대한 현실적으로 살펴보죠. 개혁된 합리적인 이슬람교는 정녕 불가능할까요?

도킨스   지금의 잔인한 이슬람교는 실제로는 최근에 나타난 현상 아닌가요?

데   닛   꽤 멀리 거슬러 올라가야 할걸요. 지금과는 다른 이슬람교를 보려면…….

해리스 그것도 어느 정도까지만이죠. 그런데 우리는 준비가
되어 있든 아니든 이 비판을 위한 설득력 있는 대변인이 아
닙니다. 이슬람교를 진정성 있게 비판하려면 아얀 히르시
알리* 같은 사람 또는 이슬람 학자 이븐 워라크Ibn Warraq**
같은 사람이 필요해요. 특히 이 문제에 대한 우리의 생각을
신뢰하지 않는 세속의 자유주의자에게 호소력 있게 들리기
위해서는요.

그런데 제가 보기에 지금은 이슬람 역사에서 독특한 시기인
것 같아요. 지금의 이슬람 세계는 외부로부터 괴롭힘을 당
하지 않고 이슬람교가 군림하는 칼리프의 영토, 이슬람교의
나라입니다. 이때 이슬람 세계는 전체주의의 극단을 실현할
수 있고 그 자체로 행복할 수 있습니다. 교리의 내재적 문제
가 보이지 않습니다. 정치학자 새뮤얼 헌팅턴***은 이렇게

• Ayaan Hirsi Ali(1969~): 소말리아에서 태어난 네덜란드의 미국 학자이자 활동가. 이
슬람교를 비판하고 이슬람 여성의 권리를 옹호한다. 이 책의 34쪽을 보라.

•• 이슬람교를 익명으로 비판하는 사람의 필명. 1998년에 이슬람 사회의 세속화연구소
Institute for the Secularisation of Islamic Society를 창설한 사람 중 한 명이다.

••• Samuel Huntington(1927~2008): 미국의 정치학자였고, 대통령의 자문을 지냈다.
1993년에 한 논문에서 '문명의 충돌' 이론을 주창했고, 1996년에 이런 주장을 담은 저
서《문명의 충돌The Clash of Civilizations and the Remaking of World Order》을 출간했다.

말했죠. "이슬람 세계는 피투성이 국경이 있다." 문제는 바로 이 국경에서 나타납니다. 이슬람 세계와 현대 세계의 국경에서죠. 이슬람 세계와 현대 세계 사이에는 갈등이 존재합니다. 물론 이슬람 역사에서 사람들이 지하드(성전)를 치르며 돌아다니지 않은 사례를 찾을 수 있는데, 그건 그들이 이미 성전을 성공적으로 치렀기 때문입니다.

데 닛 하지만 그 세계에 사는 여성들은요?

도킨스 맞아요. 그 국경 안에 사는 여성들은 많은 고통을 받고 있습니다.

데 닛 가장 좋을 때도 그렇죠.

해리스 물론 그렇습니다.

히친스 하지만 절충주의적 종교도 분명히 있습니다. 지금은 많이 알려졌죠. 훌륭한 책도 몇 권 나왔습니다. 예를 들면 마리아 메노칼의 안달루시아에 관한 책*이 있습니다. 이슬람 문명이 이웃과 비교적 평화롭게 지내며 지하디스트 외의 문제에 대해 많은 연구를 하던 시기에 관한 책이죠. 저도 유고

슬라비아가 해체된 뒤 일어난 전쟁에서 보스니아의 이슬람교도들이 가톨릭교도이든 그리스정교도이든 간에 크리스천보다 훨씬 올바르게 행동하는 것을 보았습니다. 그들은 종교 대학살의 범인이 아니라 피해자였고, 다문화주의를 누구보다 신봉하는 사람들이었죠. 이런 일은 일어날 수 있습니다. 심지어 무신론적 이슬람교도, 또는 이슬람 무신론자라고 말하는 사람들조차 만날 수 있었습니다.

데 닛 와우!

히친스 사라예보에서 그런 사람들을 볼 수 있었습니다. 무신론자 이슬람교도나 이슬람 무신론자는 원칙적으로는 불가능하죠. 하지만 문제는 이겁니다. 절대적이고 도전할 수 없고 영원한 권위를 추구한다는 점에서 전체주의가 모든 종교에 내재되어 있다고 생각하느냐? 저는 그렇다고 굳게 믿습니다.

데 닛 모든 종교에 내재되어 있죠.

---

* María Rosa Menocal, 《The Ornament of the World: How Muslims, Jews and Christians Created a Culture of Tolerance in Medieval Spain》, Boston: Little, Brown, 2002.

히친스 그럴 수밖에 없습니다. 창조주의 뜻은 거스를 수 없습니다. 그의 뜻에 대한 우리의 의견은 중요하지 않습니다. 그의 뜻은 절대적이고, 우리가 태어나기 전뿐 아니라 죽은 후에도 적용됩니다. 그것이 전체주의의 기원이죠. 저는 이슬람교가 그것을 가장 걱정스러운 방식으로 표명한다고 생각합니다. 유일신교 중에서 세 번째이기 때문이죠. 이슬람교는 이렇게 말합니다. "더 이상은 필요 없다. 이것이 마지막이다. 이전에도 신의 말씀이 있었다. 우리는 그것을 인정한다. 우리는 우리 것만 있다고 주장하지 않는다. 하지만 우리 것이 최종 발언이라고 주장한다. 이 점에 대해서는 더 이상 왈가왈부할 것이 없다."

해리스 "그리고 우리는 신학과 시민의 문제 사이에 간격이 전혀 없다고 주장한다."

히친스 이건 최악입니다. 우리 세계에서 누군가 할 수 있는 최악의 말은 "더 이상의 탐구는 필요치 않다. 당신은 알 필요가 있는 모든 것을 이미 알았다. 그 밖의 모든 것은 주석이다"입니다. 이건 가장 사악하고 위험한 것입니다. 이러한 주장은 이슬람교만 하는 것이고, 다른 종교는 이런 식으로 주장하지 않습니다.

데 닛 그 점에 대해 제가 '악마의 대변인'* 역할을 해볼까 하
는데요…….

히친스 기독교나 유대교는 이슬람교를 고려하지 않습니다. 하
지만 이슬람교는 다른 종교를 고려하죠. 그들은 유대교의
모든 것을 받아들입니다. 그들은 아브라함을 사랑하고, 아들
을 희생시킨 아브라함의 뜻을 존중합니다. 그들은 이 모든
것을 좋아하죠. 그들은 성모마리아의 처녀 잉태설을 절대적
으로 숭상합니다. 기독교 최대의 헛소리죠. 그들은 이 모든
것이 위대하다고 생각합니다. '너희의 모든 것을 기꺼이 받
아들인다. 하지만 최종 발언은 우리가 한다.' 이건 치명적이
죠. 우리 존재는 그런 설교와 양립할 수 없다고 생각합니다.

데 닛 제가 잠시 악마의 대변인 역할을 해보죠. 그러면 그들
의 입장이 무엇인지 분명해질 것 같습니다.

히친스 저는 악마를 무료로 대변하겠습니다. (일동 웃음)

데 닛 사실, 저들이 보기에 우리는 실제로 악마를 대변하는

---

* 열띤 논의가 이루어지도록 일부러 반대 입장을 취하는 사람. ─ 옮긴이

것처럼 보일 수 있습니다. 많은 사람이 우리가 바로 그 일을 하고 있다고 생각하죠.

어쨌든 아까 말한 '악마의 대변인' 역할로 돌아가면, 저는 어떤 것이 참이라는 사실은 그것을 퍼뜨리거나, 발견하려고 시도하기에 충분한 조건이 아니라고 생각합니다. 발견하려고 시도하지 말아야 할 것이 있다는 생각을 저는 진지하게 받아들입니다. 그리고 더 알아서 좋을 게 없는 것이 있다는 명제를 우리가 점검해볼 필요는 있다고 봅니다.

우리가 그 명제를 받아들인다면 진지하게 따져봐야 할 것은…… 그러기 싫고, 싫어야 마땅하다 해도 진지하게 따져봐야 할 것은…… 서양은 너무 멀리 갔고 우리에게 좋지 않은 지식이 너무 많다는 이슬람교도들의 생각입니다. 그것은 없으면 더 좋은 지식이죠. 사실 많은 이슬람교도가 시계를 되돌리고 싶어 합니다. 물론 불가능한 일이죠. 하지만 이슬람교도들의 이런 말에는 공감이 가는 구석이 있습니다. "고양이는 이미 자루를 빠져나갔어. 너무 늦었어. 이건 비극이야. 서양 사람들은 진실을 너무 많이 들추어냈고, 이제 우리에게도 강요하고 있어. 인류가 모르는 게 나은 진실을."

히친스 정말 혹하는 말씀인데요, 이론상이든 실제든 실례를 알고 싶어지는군요. 알 수 있지만 알지 말아야 할 게 뭐가 있을까요? 믿음 없는 세계에 사는 저로서는 그런 예가 떠오르지 않습니다.

해리스 앞에서 종형 곡선을 언급하신 것 같은데요, 인종 또는 남녀 사이의 지능에 신뢰할 만한 차이가 있다면……

히친스 하지만 여기 계신 분들 중에 그렇게 생각하실 분은 없다고 생각합니다. 믿을 수 있지만 모르기를 바라는 것을 생각해내셔야 합니다.

데 닛 오, 사실이라 해도 인류가 모르는 게 더 나은 것을 생각해내기는 어렵지 않은 것 같은데요.

히친스 좀 더 구체적으로 말씀해주시겠습니까? 정말 궁금합니다.

도킨스 크리스토퍼는 가설상의 사례와 별개로 "그런 것을 실제로 억제해본 적이 있느냐?"라고 질문하시는 것 같은데요?

히친스 실제로 그렇게 해본 적이 있으십니까?

데 닛 아뇨, 저는 없습니다.

도킨스 저도요

히친스 그런데 그렇게 하는 자신을 상상할 수 있습니까? 저는
　　　불가능합니다.

데 닛 오, 저는 상상할 수 있습니다. 실제로 닥치지 않기를
　　　바랄 뿐입니다.

해리스 생물무기 합성을 예로 들어봅시다. 〈네이처〉가 천연두
　　　바이러스 조제법을 실어야 할까요?

데 닛 네, 정확한 사례입니다.

히친스 좋습니다. 하지만 그건 우리가 몰라야 하는 지식이 아
　　　닙니다. 가지지 말아야 할 힘에 더 가깝죠.

해리스 비윤리적 목적에 사용되는 것 말고는 사용처가 없는
　　　지식, 또는 유포되면 잘못된 손에 힘을 쥐어줄 수 있는 지식
　　　을 누군가 추구하는 상황을 충분히 생각할 수 있습니다. 하

여간 대니얼이 중요한 점을 끄집어냈다고 생각합니다. 적들이 볼 때 우리의 문제는, 이슬람 또는 나머지 세계에 선동적인 진실을 퍼뜨리는 것이 아닙니다. 과학으로 정량화하기 어려운 사실, 또는 과학에서 논의하기 어려운 사실을 우리가 존중하지 않는 것을 문제 삼는 겁니다. 우리 모두가 자주 듣는 고전적 반박이 있죠. "당신이 아내를 사랑한다는 것을 내게 증명해봐." 마치 이것이 무신론을 한 방에 보내는 논증인 양 말합니다. 우리는 그것을 증명할 수 없다는 거죠. 글쎄요, 한 꺼풀 벗기면 증명할 수 있습니다. 그것을 증명할 수 있어요. '사랑'이 무엇을 의미하는지 아니까요. 하지만 과학으로 포착하기 어려운 신성한 영역이 있고, 과학은 그동안 이 영역을 종교 담론에 양도했어요.

데 닛 그리고 예술 담론에 양도했죠.

해리스 맞습니다.

데 닛 꼭 종교일 필요는 없습니다.

해리스 하지만 저는 예술도 그런 영역을 담을 수 없다고 생각해요. 예술은 사랑도 담을 수 없어요. 동정도 마찬가지이고

네 기사의 토론

요. 예술로 표현할 수는 있지만 예술로 환원되지는 않아요. 우리는 박물관에 가서 순수한 형태의 동정을 볼 수 없습니다. 우리 같은 무신론자들은 종교인의 가짜 주장을 거들떠보지도 않는데, 제가 보기에 그런 태도를 보고 종교인이 우리가 놓치고 있는 뭔가가 있다고 확신하는 것 같습니다. 우리는 이 점에 주의해야 한다고 생각합니다.

히친스　지당한 말씀입니다. 종교인이 세속 세계가 더럼대성당이나 샤르트르대성당 같은 건축물을 지은 적이 있느냐는 논증을 꺼내는 이유가 거기에 있죠. 아니면 종교적인 그림이나 음악 중에서도…….

데 닛　바흐의 음악.

히친스　바흐여야 하죠.

해리스　하지만 우리는 그 물음에 답할 수 있습니다.

히친스　맞습니다.

해리스　우리는 훌륭한 답을 제시할 수 있습니다. 그 시점에 예술을 후원하는 세속인이 있었다고 가정해보죠. 첫째, 그렇다면 미켈란젤로가 실제로 신자였는지 우리는 알 수 없어요. 당시 신자가 아님을 공표하는 결과는 죽음이었기 때문이죠. 둘째, 미켈란젤로에게 의뢰한 어떤 세속의 조직이 있었다면 지금 온갖 세속적 작품이 남아 있을 겁니다.

히친스 저는 그런 인과관계가 성립한다고 말하지는 못하겠습니다.

해리스 어느 부분을 말씀하시는 거죠?

히친스 종교화와 종교 조각의 경우, 후원자가 작품과 관계가 있는지 아닌지 우리가 알 수 없는 것은 맞다고 생각합니다. 하지만 이렇게 말하지는 못하겠습니다. "세속 화가가 있었다면 그만큼 훌륭한 작품을 만들었을 것이다." 이유는 모르겠지만, 그렇게 말할 수는 없을 것 같습니다.

도킨스 미켈란젤로가 과학박물관 천장화를 의뢰받았다면, 그만큼 훌륭한 작품을 만들지 못했을 거라는 말씀인가요?

히친스 이렇게 말하는 것이 내키지는 않지만 어떤 면에서는 그렇다고 생각합니다.

도킨스 정말로요? 저는 틀림없이 좋은 작품을 만들었을 거라고 생각하는데요.

히친스 그 점이 우리 둘의 차이일 수 있겠군요. 저는 회화나 건축에 대해서는 잘 모르고, 성베드로대성당 같은 종교 건축물을 좋아하지 않아요. 면죄부를 특별 판매해 지었다는 사실도 도움이 안 되기는 마찬가지이죠. 하지만 존 던* 이나 조지 허버트** 가 쓴 종교시를 보면, 그것이 꾸며낸 것이라거나 후원자를 위해 썼다고 상상하기 어렵습니다.

도킨스 그 점은 저도 인정합니다.

히친스 누군가를 기쁘게 하려고 그런 시를 썼다는 것을 믿기 어렵습니다.

---

* John Donne(1572~1631): 영국의 시인이자 성직자. 1612년부터 세인트폴성당 주임 사제를 지냈고, 종교적인 시와 산문뿐 아니라 세속적인 작품도 남겼다.
** George Herbert(1593~1633): 웨일스의 시인이자 성직자. 1626년부터 링컨대성당의 참사회 위원을 지냈다.

도킨스 하지만 어쨌든 당신의 결론은 무엇인가요? 던의 종교 시가 경이롭다면, 그래서 어떻다는 거죠? 그것이 그 시가 어떤 의미의 진리를 표현하고 있음을 증명하지는 않습니다.

히친스 물론입니다. 제가 가장 좋아하는 종교시는 필립 라킨 의 〈교회 가기Church Going〉*입니다. 지금까지 쓰인 최고의 시 중 하나죠. 그 시가 표현하는 것은 정확히…… 그 시를 여기에 가져오고 싶었는데요, 음…… 실은 가져왔습니다. 여러분이 좋다면 읽어드릴 수 있어요. 어쨌든 영국 시골의 길가에 있는 고딕 양식의 교회에 갔을 때 라킨이 믿은 것 이상, 혹은 이하로 믿는 사람이 있다면 저는 그를 신뢰하지 않을 겁니다. '믿는다'는 표현은 적절치 않군요. 그는 무신론자이니까요. 그가 느낀 것 이상 혹은 이하로 느낀 사람. 이 시에는 진지한 뭔가가 있습니다. 그리고 이 시는 경관에 대한 작품일 뿐 아니라 인간에 대한 작품이기도 합니다. 하지만 말할 나위 없이 종교에 관한 진리에 대해서는 아무것도 말하지 않습니다.

● Philip Larkin(1922~1985): 영국의 시인이자 작가. 1955년부터 헐대학교에서 사서로 일했다. 〈교회 가기〉는 1955년에 발표한 그의 시집 《덜 속은 사람들The Less Deceived》에 수록되었다.

데 닛 그저 특별한 사례가 아닐까요? 우리는 생각할 수 없는. 저는 완벽한 사례를 생각할 수 없어요. 보트를 타고 2년 동안 바다 위를 표류하다가 살아남는다면 모를까. 그렇게 하면 그런 이야기를 쓸 수 있겠죠. 그건 허구일 수 없습니다. 그리고 장엄하고 경이로운 예술이죠. 거짓이 아닙니다. 믿을 수 있고, 그래서 그냥 받아들이게 됩니다. 사실이니까요. 던의 시도 그렇습니다. 매우 극단적인 상황에서만 그런 작품이 나올 수 있습니다. 우리는 그러한 극단적인 상황이 존재했고 그래서 그런 작품이 나올 수 있었다는 것에 감사하면 됩니다.

해리스 던의 경우는 맞습니다. 그렇다 해도 모든 사람에게 바다 위를 표류하라고 권하지는 않으실 테죠.

데 닛 물론 아니죠.

히친스 저는 〈죽음이여 뽐내지 마라Death Be Not Proud〉*의 세계관도 권하지 않습니다. 이 소네트는 경이롭지만, 단어만

---

* 〈소네트 10번〉으로도 불린다. 존 던의 시로, 1609년에 썼고 사후 1633년에 출판된 《신성한 명상록Divine Meditations》 연작의 일부이다.

본다면 뜻 모를 말입니다. 단어만 본다면 무슨 말인지 도통 알 수가 없어요. 하지만 저는 이 시가 말하는 X라는 요인이 영원히 계속될 것이고 우리가 반드시 직면해야 할 문제임을 짐작할 수 있는 것으로 족합니다.

해리스 맞습니다. 그런데 당신은 일요일에 교회가 텅 비기를 바라는지 아닌지 하는 문제를 제기했습니다. 당신은 잘 모르겠다는 입장인 것 같고요. 저도 그런 것 같습니다. 제가 바라는 것은 다른 종류의 교회입니다. 다른 종류의 사상에서 우러나오는 다른 종류의 의식. 저는 우리 삶에는 신성함을 위한 자리가 존재한다고 생각합니다. 하지만 허튼소리를 전제로 하지 않아야겠죠. 저는 심오한 뭔가를 추구하는 것이 쓸모없다고 생각하지 않습니다.

히친스 물론입니다.

해리스 무신론자인 우리는 이 영역을 도외시하는데. 그래서 때로는 가장 미치광이 같은 적들조차 우리보다 현명해 보입니다. 예를 들어 사이드 쿠틉* 같은 사람을 생각해봅시

• Sayyid Qutb(1906~1966): 이집트의 이슬람 급진주의자. 무슬림 형제단의 지도자.

다. 정말 미치광이 같은 사람이죠. 그는 오사마 빈라덴이 가장 좋아한 철학자로, 1950년경에 콜로라도주 그릴리에 나타나 미국에서 1년을 보냈어요. 그러면서 미국인이 하루 종일 영화배우에 대해 잡담하고 담장의 울타리를 다듬고, 이웃의 자동차를 탐내며 시간 보내는 것을 보고, 미국 또는 서양은 하찮은 일에 몰두하고 너무 물질적이라 틀림없이 파멸할 것이라고 생각하게 되었습니다. 제가 그의 세계관을 조금이라도 신뢰하는 것으로 해석할까 봐 염려스럽지만, 그의 말에는 일리가 있었죠. 대부분의 사람은 하찮고 끔찍한 것에 정신이 팔려 하루하루를 살아갑니다. 의미 있는 것에 주의를 기울이는 것과 늘 딴 데 정신이 팔려 있는 것 사이에는 차이가 있습니다. 예로부터 그 차이를 분명하게 지적한 것은 종교밖에 없었죠. 저는 그것이 우리의 실패라고 생각합니다.

도킨스 샘, 그 점은 이미 지적했고 우리도 동의했다고 생각합니다. 교회가 텅 비는 것을 보고 싶은가란 질문으로 돌아가봅시다. 저는 교회가 텅 비는 것을 보고 싶습니다. 하지만 《성경》에 대한 무지는 보고 싶지 않군요.

히친스 그럼요, 절대로요!

도킨스 《성경》을 모르고는 문학을 이해할 수 없기 때문입니다. 그리고 미술을 이해할 수 없고, 음악도 이해할 수 없고, 그 밖의 모든 것을 이해할 수 없습니다. 역사적 이유 때문이죠. 역사적 이유는 없애버릴 수 있는 것이 아닙니다. 늘 그곳에 있습니다. 그리고 우리가 교회에 가서 기도하지 않더라도, 기도하는 것이 사람들에게 어떤 의미인지, 사람들이 왜 기도를 하는지,《성경》구절들이 무슨 뜻인지 등을 이해해야 합니다.

해리스 단지 그뿐인가요? 조상의 무지에 대한 역사적 이해?

도킨스 이해하는 데 그치지 않습니다. 이야기 자체에 몰두할 수 있어요. 등장인물이 실존 인물이라고 믿지 않고도 소설 작품에 몰두할 수 있는 것처럼 말입니다.

데 닛 그런데 당신은 정말로 교회가 텅 비는 것을 보고 싶습니까? 다양한 교회가 있을 수 있잖아요. 종교인의 관점에서 극단적으로 변질된 교회는 어떨까요? 의식, 헌신, 목적, 음악이 있어서 노래를 부르고 의식을 거행하지만, 비합리성을 제거한 교회.

네 기사의 토론

도킨스 오, 알겠어요. 장례식과 결혼식을 위해 가는 장소…….

데 닛 그렇습니다. 또…….

도킨스 아름다운 시와 음악이 있는.

데 닛 그리고 어쩌면…….

도킨스 집단의 결속을 다지고.

데 닛 집단의 결속을 통해 다른 방법으로는 시작할 수 없는 사업을 할 수 있겠죠.

히친스 사소하지만 한 가지가 더 있다고 생각합니다. 저는 어릴 때부터 교회에 가고 싶지 않았습니다. 하지만 교회를 계속 멀리하는 것이 매우 쉬웠던 한 가지 이유는 교회에서 새 영어《성경》을 사용하는 것이었습니다.

도킨스 오, 동감입니다! *(일동 웃음)*

히친스 교회에 가는 것은 아무 의미가 없습니다. 그런 곳에 어떻게 갈 수 있는지 모르겠습니다. 저는 사람들이 왜 교회를 멀리하는지 알 수 있어요. 교회는……

해리스　시를 내다 버렸죠.

히친스　그건 고대 이스라엘의 지파보다 더 귀중한 보석입니다.

도킨스　물론입니다.

히친스　그들은 자신이 뭘 가지고 있는지 알지도 못합니다. 끔찍한 일이죠. 만일 제가 성당에 다니지 않는 가톨릭교도이고, 내 장례식이 어떻게 치러지기를 원하는지 곰곰이 생각한다면, 그것은 제가 원하는 것이 아닐……

데 닛　당신이 원하는 것은 오직 라틴어 미사겠죠.

히친스　그렇습니다!

데 닛　당연하겠죠.

도킨스　하지만 거기에는 또 다른 문제가 있습니다. 《성경》을 잘 이해할 수 있게 되면 허튼소리도 더욱 투명하게 드러나겠죠. 그래서 만일 《성경》이 라틴어로 적혀 있다면 허튼소리는 더 잘 살아남을 수 있을 겁니다. 위장술을 쓰는 곤충과 같아요. 허튼소리는 눈에 보이지 않기 때문에 장벽을 통과할 수 있습니다. 그런데 그것이 그냥 영어도 아니고 현대 영어로 번역되면 허튼소리가 있는 그대로 드러납니다.

데 닛 그러면 진지하게 물어보죠. 교회가 텍스트를 현대화하고 있어서 흡족하십니까?

도킨스 아뇨, 그렇지 않아요. 그건 심미적 요소입니다. 저는 흡족하지 않습니다.

히친스 가장 나쁜 것을 합쳐놓은 결과가 되었죠.

데 닛 제가 보기에도 그렇습니다.

히친스 우리는 그것에 감사해야 합니다. 우리가 이렇게 한 게 아닙니다. (일동 웃음)

데 닛 맞습니다. 우리가 강요하지 않았습니다. 그들 스스로

한 일이죠.

해리스 우리는 그렇게 할 만큼 똑똑하지 않았죠.

히친스 우리는 시아파의 회교 사원도 폭파하지 않습니다. 바미얀 석불을 폭파하지 않습니다. 우리는 신성을 모독하지 않습니다. 우리에게는 《안티고네》에서 소포클레스가 제시한 이유로, 불경함과 신성모독에 대한 자연적 저항감이 있죠. 교회를 파괴하고, 유대교 예배당을 불태우고, 서로의 회교 사원을 폭파하는 것은 우리가 아니라 신자들입니다. 우리는 그 점을 지적하는 데 좀 더 많은 시간을 들여야 한다고 생각합니다. 왜냐하면 제가 처음부터 지적한 것이지만, 우리가 음악의 메아리, 시와 신비가 사라진 텅 빈 세계를 바랄까 봐 두려워하는 사람들이 있기 때문입니다. 우리가 '멋진 신세계'에서 행복할 것이라고 생각할까 봐. 우리 중 누구도 그렇지 않기 때문에…….

도킨스 물론입니다.

데 닛 그렇고 말고요.

히친스 우리가 좀 더 시간을 들여 이런 점을 지적하면 좋을 것 같습니다. '무'의 쓸쓸한 황야를 초래하는 것은 성전, 종교 분쟁, 신권정치이지 바람직한 세속 세계가 아니라는 것을요. 따라서 세속주의는 '믿음 같은 것'의 존속을 단지 허락하고, 내버려두고, 감내하고, 생색내며 봐주는 것에 그치지 않고, 어떤 면에서 그것을 **환영**해야 한다고 생각합니다. 처음보다는 제 생각을 잘 표현한 것 같은 느낌이군요.

해리스 '믿음 같은 것'이란 무엇을 말씀하시나요?

데 닛 믿음과 얼마나 비슷한 것을 말씀하십니까?

히친스 세상에는 우리가 알 수 있는 것보다 많은 것이 존재한다는 믿음이죠.

데 닛 무슨 뜻인지 알겠군요.

해리스 '대니얼 데닛은 이것을 믿는다', 이건 믿음이 아닙니다.

데 닛 물론이죠!

해리스   우리는 우리가 현재 알고 있고 알 수 있는 것보다 많은 것이 존재한다는 사실을 압니다.

히친스   신비와 미신을 구별하는 방법을 찾을 수 있다면 우리는 문화적으로 매우 중요한 일을 하는 것이라고 말할 때 제 요지가 바로 그거였습니다. 리처드와 저는 런던 세계 감리교 본부 센트럴홀에서 스크러턴*의 아주 이상한 팀과 논쟁했습니다. 그 팀, 그중에서도 특히 스크러턴은 "오래된 고딕 첨탑은 어떻습니까?" 같은 말을 계속했죠. 저는 이렇게 말했습니다. "나는 파르테논에 대한 책을 썼다. 나는 그 신전에 지대한 관심이 있다. 모든 사람이 그곳에 가봐야 하고 그것을 연구해야 한다고 생각한다. 하지만 여신 팔라스 아테나를 숭배하는 것은 그만두어야 한다. 아름다운 조각 장식 프리즈frieze**가 묘사하는 것이 인간 제물과 관련이 있을지도 모른다는 것을 모든 사람이 깨달아야 한다. 아테네의 제국주의는 페리클레스 시대에조차 그다지 아름답지 않았다." 다시 말해, 위대한 문화 프로젝트는 종교의 초자연적 측면을 버리는 한편 예술적이고 미적 측면은 살리는 것이어야

---

*   Roger Scruton(1944~): 영국의 보수적 철학자이자 작가.

**   건축물의 벽면과 코니스(건축 벽면에 수평으로 된, 띠 모양의 돌출 부분) 사이에 있는 띠 모양의 조각 장식. – 옮긴이

합니다.

데 닛 저는 악이 애초에 창조의 일부였다고 생각합니다. 다시 말해 우리는 아즈텍 문명의 믿음과 관행은 눈감아줄 수 없지만, 그들의 건축과 문화의 다른 측면은 경외심을 품고 보존할 수 있습니다. 하지만 그들의 관행과 (웃음) 믿음은 그럴 수 없습니다.

도킨스 저는 영국 라디오 프로그램 〈데저트 아일랜드 디스크 Desert Island Discs〉에 게스트로 출연한 적이 있습니다. 사막의 섬에 가져갈 음반 여덟 장을 골라 그것에 대해 이야기하는 프로그램이었죠. 제가 고른 음반 중 하나는 바흐의 〈나의 마음을 깨끗이 하여Mache dich, mein Herze, rein〉였습니다. 아주 경이롭고 신성한 곡이죠.

데 닛 아름다운 곡이죠.

도킨스 제게 질문한 여성은 왜 제가 이 음악을 가져가고 싶은지 이해하지 못하더군요. 음악의 아름다움은 의미를 알 때 더 커지는 것이 사실입니다. 하지만 그것을 실제로 믿을 필요는 없습니다. 소설을 읽는 것과 같죠.

데 닛 맞습니다.

도킨스 우리는 소설에 몰입할 수 있어요. 소설을 읽으며 감동의 눈물을 흘릴 수 있죠. 하지만 이 사람이 존재했음을 믿어야 한다거나, 지금 느끼는 슬픔은 실제로 일어난 어떤 일을 반영하는 것이라고 말하는 사람은 없습니다.

히친스 네, 《걸리버 여행기》를 읽었는데 그 이야기를 한마디도 믿을 수 없었다고 말한 아일랜드 주교도 있었죠.* (일동 웃음) 이 말은 전거가 있는 글귀locus classicus 중 최고봉이라고 생각합니다. 분명 우리는 문화 파괴자가 아닌데, 왜 수많은 사람이 우리를 그렇게 의심하는지 이유를 생각해봐야 할 것 같아요. 만일 제가 이 사람들이 하는 비판, 그들이 품는 의심, 그들이 지닌 두려움 중 하나를 받아들인다면 그것은 이겁니다. 우리는 감정이 없고…….

데 닛 크리스마스캐럴도 없고 가지 달린 촛대도 없는…….

---

* 1726년 11월 17일 조너선 스위프트Jonathan Swift가 알렉산더 포프Alexander Pope에게 쓴 편지.

도킨스 이런 비판을 하는 사람은 우리가 쓴 책을 한 권도 읽지 않았을 겁니다.

데 닛 그건 또 다른 문제이기도 합니다. 물론 우리 책만이 아니라 수많은 책의 문제이죠. 사람들은 책을 안 읽어요. 그들은 서평만 읽고 무슨 책인지 판단합니다.

히친스 우리는 조만간 크리스마스 전쟁을 다시 치르겠군요. 오늘이 벌써 9월의 마지막 날이니. 그 모든 것이 다가오는 느낌이 들 겁니다. 하지만 크리스마스가 다가올 때마다, 이런저런 쇼에 나가 크리스마스에 대해 토론할 때마다 저는 말합니다. 크리스마스트리를 베고 그것을 금지한 사람은 올리버 크롬웰*이었다고요……. 크리스마스가 신성모독이라고 말한 것은 미국 원리주의자들의 조상인 청교도 프로테스탄트였습니다.

도킨스 네, 바미얀 석불과 같은 맥락이죠.

---

* Oliver Cromwell(1599~1658): 영국의 급진적 프로테스탄트이며, 군인이자 정치인. 청교도혁명에서 의회파 지도자였다. 1653년부터 1658년까지 잉글랜드 연방English Commonwealth의 호국경을 지냈다.

히친스 여러분은 자신의 전통을 존중합니까? 저는 그렇습니다. 저는 크롬웰이 여러 다른 면에서도 위대한 사람이었다고 생각합니다. 크리스마스는 실은 이교도 축제입니다.

해리스 우리는 모두 작년에 크리스마스트리 신세가 되었죠.

데 닛 그랬죠.

도킨스 저는 크리스마스트리를 전혀 반대하지 않습니다.

데 닛 우리 사진이 실린 크리스마스카드도 있습니다.

히친스 크리스마스는 고대 스칸디나비아인이 즐기던 술잔치입니다. 그러면 왜 안 되죠?

데 닛 근데, 그게 다가 아니에요.

히친스 저는 동지冬至 축제를 다른 사람들만큼 좋아합니다.

데 닛 우리는 매년 크리스마스캐럴 파티를 열고 거기서 노래를 합니다. 온갖 가사가 적힌 온갖 노래를 부르는데, 세속적인 것만 있지는 않죠.

도킨스 그러면 왜 안 되나요?

데 닛 그건 정말 눈부시게 아름다운 소재예요. 크리스마스
이야기는 환상적입니다. 누가 뭐래도 아름다운 이야기죠!
믿지 않아도 모든 대목을 사랑할 수 있습니다.

도킨스 일전에 점심 식사를 하는데, 런던 토론에서 우리 상대
편이던 여성이 제 옆에 있었습니다.

히친스 랍비 줄리아 누버거*였죠.

도킨스 랍비 누버거 맞습니다. 그녀는 제가 뉴칼리지에 선임
연구원으로 있을 때 감사 기도를 드렸는지 물었어요. 저는
이렇게 답했습니다. "물론 감사 기도를 드렸습니다. 그건 단
순히 예의의 문제입니다." 그러자 그녀는 화를 냈어요. 제
가 감사 기도를 드린 게 위선이라는 겁니다. 제가 할 말은 이

●　　Julia Neuberger(1950~): 영국의 랍비이자 상원의원. 2011년부터 웨스트런던회당the
West London Synagogue의 상급 랍비를 지냈다.

것뿐이었죠. "당신에게는 그것이 어떤 의미가 있겠지만, 내게는 아무런 의미가 없습니다. 감사 기도는 역사가 있는 라틴어 관용 어구이고, 나는 역사를 인정할 뿐입니다." 철학자 앨프리드 에이어*도 감사 기도를 드리곤 했는데, 그는 이렇게 말했죠. "나는 거짓은 말하지 않을 테지만, 의미 없는 말을 하는 것은 반대하지 않는다." (일동 웃음)

히친스 아주 마음에 드는 말입니다. 위컴Wykeham 석좌교수죠.

도킨스 네, 위컴 석좌교수 맞습니다.

히친스 샘, 이슬람교에 대한 질문에 답이 되었습니까?

해리스 잘 모르겠습니다. 그래서 관련 질문을 하나 하겠습니다. 여러분은 종교 비판자로서 종교를 비판할 때 모든 종교에 공평해야 한다는 부담감을 느끼십니까? 아니면 종교적 사상, 종교적 헌신에는 스펙트럼이 있어서 이슬람교가 그

• Alfred Jules Ayer(1910~1989): A. J. 또는 '프레디' 에이어로도 불린다. 영국의 철학자. 저서 중 하나인 《언어, 진리, 논리Language, Truth and Logic》(1936)에서 '검증 원리verification principle'를 제안했다. 1959년부터 옥스퍼드대학교에서 논리학 석좌교수를 지냈다.

스펙트럼의 한쪽 끝에 있고, 아미시파와 자이나교 등은 또 다른 끝에 있으며, 여기에는 우리가 진지하게 생각해야 하는 실질적 차이가 존재한다는 사실을 의식해야 할까요?

데 닛 물론 우리는 차이를 진지하게 받아들여야 하지만, 항상 균형 잡힌 태도를 유지할 필요는 없습니다. 좋은 점, 선한 점을 지적하려는 사람은 많아요. 그러니 우리는 그것을 인정한 다음, 문제에 집중하면 됩니다. 그것이 비판자가 할 일입니다. 만일 우리가 제약업계에 관한 책을 쓰고 있다면, 그들이 하는 좋은 일에도 같은 시간을 들여야 할까요? 아니면 문제에만 전념해도 될까요? 답은 아주 분명하다고 생각합니다.

도킨스 샘이 묻고 있는 것은 그보다는…….

해리스 머크Merck(미국 제약 회사)가 다른 회사에 비해 특히 나쁘다면 우리는 그 회사를 비판할 수 있습니다. 우리가 제약업계에 초점을 맞추고 있다면 모든 제약 회사가 같은 정도로 문제가 있지는 않을 겁니다.

데 닛 네, 맞습니다. 그러면 질문이 뭐였죠? 어떤…….

도킨스 샘이 질문한 것은 우리가 여러 종교를 비판할 때 공평
해야 하느냐는 것입니다. 그리고 당신은 지금 좋은 점과 나
쁜 점에 관한 공평함을 말씀하신 거고요.

히친스 모든 종교가 똑같이 나쁘냐는 거죠.

도킨스 네, 이슬람교가 기독교보다 더 나쁜가.

해리스 제가 보기에 우리가 이 문제에 균형을 유지하면 친구
들의 협조를 얻지 못합니다. 믿음에 관한 모든 주장이 어떤
의미에서 똑같다고 말하는 것은 언론의 전술이고, 무신론의
존재론적 입장이기도 합니다. 언론은 이렇게 말합니다. "이
슬람교도 중에도 극단주의자가 있고, 기독교도들 중에도 극
단주의자가 있다. 중동에 지하디스트가 있다면, 우리에게는
낙태 시술을 하는 의사를 죽이는 사람들이 있다." 그런데 이
것은 공정한 등식이 아닙니다. 이슬람교의 비호 아래 일어
나는 아수라장에 비하면, 낙태 시술을 한 의사를 죽인 사람
은 10년 동안 두 명뿐이었죠. 이건 무신론을 실행하는 데 제
가 느끼는 문제 중 하나인데요, 즉 몇 가지 문제에서 종교인
의 대다수를 우리 편으로 만들 수 있는데도 모든 순간에 비
판의 등불을 사방으로 공평하게 퍼뜨리는 것처럼 보여야 할

때 우리는 난처해집니다.

미국 국민 대다수는 이슬람의 순교 교의가 오싹하고, 전혀 자비롭지 않고, 많은 사람을 죽음으로 내몰기 쉽고, 비판받아 마땅하다고 생각하죠. '페트리접시에 영혼이 산다'는 믿음도 그렇습니다. 대부분의 기독교들조차, 즉 미국인의 70퍼센트가 배아 줄기세포 연구의 혜택을 알기 때문에 페트리접시에 영혼이 산다는 그런 터무니없는 생각을 믿으려 하지 않습니다. 따라서 우리가 세부에 초점을 맞추면 지원 세력을 얻을 수 있지만, 무신론의 방벽 위에 올라서서 모든 종교가 거짓이라고 말하면 90퍼센트의 이웃을 잃게 됩니다.

도킨스 맞는 말씀입니다. 하지만 제 관심사는 종교의 해악이 아니라, 그것이 사실인가 아닌가 하는 점입니다. 제가 정말로 알고 싶은 것은 사실 여부입니다. 이 우주를 만든 초자연적 창조자가 있느냐, 그게 사실이냐는 거죠. 제가 정말 신경쓰는 것은 이 가짜 믿음입니다. 그래서 종교의 해악도 신경이 쓰이지만, 저는 모든 종교에 공평할 준비가 되어 있습니다. 왜냐하면 제가 보기에는 모두 그런 식의 똑같은 주장을 하고 있으니까요.

히친스 저는 모든 종교가 똑같이 거짓이라는 주장을 절대 포기하지 않을 겁니다. 말씀하신 바로 그 이유 때문이죠. 종교는 이성보다 믿음을 선호한다는 점에서 거짓이기 때문입니다. 그리고 적어도 잠재적으로는 똑같이 위험합니다.

도킨스 거짓인 것은 마찬가지이지만, 분명 똑같이 위험한 것은 아닙니다. 왜냐하면……

히친스 잠재적으로 그렇다는 겁니다.

도킨스 잠재적으로는 그럴 테죠. 맞습니다.

히친스 정신 능력을 포기하기 때문입니다. 우리를 독보적 영장류로 만들어주는, 이성적으로 생각하는 능력을 결사적으로 버리려고 하기 때문입니다. 그건 언제나 치명적이죠.

데 닛 저는 잘…….

도킨스 **잠재적으로** 위험하다는 거죠.

히친스 저에게는 아미시파가 문제 되지 않습니다. 하지만 어느 정도 전체주의적 시스템에 따라 통제된다면 그 사회에 살고 있는 사람들에게는 분명 문제가 될 수 있습니다.

해리스　하지만 이슬람과 똑같은 방식은 아닙니다.

히친스　달라이라마는 자신이 신이자 왕이라고 주장합니다. 사실상 세습 군주, 세습 신이죠. 떠올릴 수 있는 가장 역겨운 생각입니다. 그는 인도의 다람살라에서 작고 어설픈 독재를 하고 있습니다. 그리고 핵실험을 칭찬합니다. 그 마을은 그의 한정된 시아에 갇혀 있습니다. 그런 점에서 모든 종교에는 똑같은 악이 존재합니다.

해리스　하지만 거기에 지하드를 추가한다면 더 걱정스러워질 겁니다.

히친스　이슬람교도와 논쟁할 때마다 그들은 항상 이렇게 말합니다. "당신은 10억 명의 이슬람교도를 기분 상하게 했다." 마치 자신이 이슬람교도의 대변인인 것처럼 말이죠. 그 말에는 분명한 위협, 협박, 강경한 어조가 실려 있습니다. 다시 말해 그들이 "당신은 이슬람교도인 나를 기분 상하게 했다"라고 말했다면 좀 다르게 들렸을 겁니다. 안 그럴까요? 그가 선지자 무함마드를 믿는 딱 한 사람이라면 말이죠. 그런데 아니죠. 그들은 10억 명입니다. 그 말에 내포된 의미는 '말조심하라'는 겁니다. 하지만 저는 상관하지 않습니다. 선지자 무함마드가 대천사 가브리엘에게 계시를 받았다고 믿는 사람이 한 사람뿐이라 해도 그렇게 말할 테니까요.

해리스 맞아요. 당신은 그런 일로 노심초사할 사람이 아니죠.

히친스 한 사람이 믿으나 10억 명이 믿으나 위험한 것은 마찬가지입니다. 정말이에요. 그 믿음이 퍼질 수 있기 때문이죠. 믿음은 더 일반적인 것이 될 수 있습니다.

해리스 하지만 이슬람의 경우 **이미** 퍼졌고, 지금도 퍼지고 있습니다. 따라서 그 위험은 잠재적인 것일 뿐 아니라 실질적인 것입니다.

히친스 네, 하지만 시간이 흐름에 따라 모든 장소에 골고루 퍼지게 됩니다. 여러분도 분명 그럴 텐데, 1960년대에 저는 유대교 근본주의로부터 그런 위협이 있을 거라고는 예상하지 못했습니다. 그런데 유대교도들은 비교적 적은 수였지만, 매우 중요한 장소, 매우 전략적인 장소에서 메시아를 맞이하기로 했습니다. 다른 민족의 땅을 훔쳐 종말을 초래하기로

한 거죠.* 수적으로는 매우 적었지만, 그들이 초래한 결과는 비참했습니다. 시온주의**가 메시아닉 유대교***를 합병하기 전까지, 두 세력이 결합하기 전까지 우리는 유대교가 그런 식으로 위협이 될 거라고는 생각하지 못했죠. 아시다시피 메시아닉 유대교도는 원래 시온주의자가 아니었습니다. 그러니 앞으로 무슨 일이 일어날지 모릅니다.

해리스 그 점에 전적으로 동의합니다.

히친스 제가 슈퍼마켓에서 퀘이커교도에게 살해당할 가능성이 낮은 것은 사실입니다. 하지만 퀘이커교도들은 이렇게 말하죠. "우리는 악에 저항하지 말라고 설교한다." 이건 우리가 취할 수 있는 가장 사악한 입장입니다.

해리스 맥락에 따라서는 그렇죠.

- • 유대교에서는 혼탁한 세상이 멸망할 때 메시아가 나타나 신의 백성, 즉 유대 민족을 구한다고 믿는데, 극단주의자들은 예루살렘의 회복을 그 종말의 때로 믿는다. - 옮긴이
- •• 유대인이 고대 유대 국가가 있던 팔레스타인에 유대인 국가를 세우고자 하는 민족주의 운동. - 옮긴이
- ••• 1960~1970년대에 일어난 종교운동으로 생긴 종파이며, 복음주의 기독교와 유대교에서 파생한 것으로 여긴다. 예수를 구세주로 받아들여야 구원을 받는다고 말한다. 주류 기독교 교파들은 메시아닉 유대교를 기독교의 한 종파로 받아들인다. - 옮긴이

히친스 이보다 더 혐오스러운 것이 있을까요? 악과 폭력과 잔인함을 보고도 싸우지 않는다니.

데 닛 네, 그건 무임승차죠.

히친스 그렇습니다. 필라델피아에서 자유를 위해 싸워야 했던 중대한 순간에 퀘이커교도들이 어떻게 행동했는지 벤저민 프랭클린*이 쓴 것을 보면 왜 사람들이 그들을 경멸했는지 알게 됩니다. 저라면 그때 퀘이커파는 미국에 상당히 위험한 존재라고 말했을 겁니다. 그렇게 되는 것은 시간문제입니다. 하지만 결론적으로 모든 종교는 부패하고, 허위이고, 부정직하며, 유머가 없고, 위험합니다.

해리스 방금 지적하신 점에 대해 우리가 좀 더 이야기를 나눠보면 좋겠습니다. 바로 비이성의 위험을 우리가 결코 예상할 수 없다는 점입니다. 본인이 단언할 입장에 있지 않은 사실을 단언하는 방식으로 세상과 소통할 때 그 책임은 무한할 수 있습니다. 제가 조금 전에 말한 줄기세포 연구를 예

---

* Benjamin Franklin(1706~1790): 미국 계몽주의 지도자이며, 미국 건국의 아버지 중 한 명. 1776년 독립선언서 초안을 작성한 5인위원회Committee of Five의 회원이었고, 1785년부터 1788년까지 펜실베이니아 행정위원장을 지냈다.

로 들겠습니다. 수태하는 순간 영혼이 접합자*에 들어간다는 개념이 위험한 것으로 밝혀질 거라는 사실을 미리 알 수는 없습니다. 누군가가 줄기세포 연구 같은 것을 생각해내기 전까지 그러한 개념은 전혀 해롭지 않아 보입니다. 하지만 줄기세포 연구가 시작되면 그 개념은 생명을 살리는 엄청나게 유망한 연구에 걸림돌이 됩니다. 교조주의가 얼마나 많은 인명을 희생시킬지 미리 아는 것은 거의 불가능합니다. 현실과의 갈등은 갑자기 터지기 때문이죠.

히친스 저는 그런 이유로, 모든 것이 잘못된 순간은 헬레니즘 유대교가 메시아닉 유대교에 패배한 순간이라고 봅니다. 지금 '하누카Hanukkah'라는 용어로 부드럽게 부르는 축제는 바로 그 사건을 기념하는 것이죠. 인류가 최악의 방향으로 돌아선 순간입니다. 소수의 사람들이 헬레니즘과 철학 위에 동물 제물, 할례, 야훼 숭배를 재건했습니다. 기독교는 그것을 표절한 것이죠. 그런 일이 일어나지 않았다면 기독교는 생기지 않았을 겁니다. 이슬람교도 마찬가지이고요. 물론 다른 광신적 종교가 생겼겠죠. 하지만 헬레니즘 문명을 파괴

---

* 암배우체(난세포 또는 난자)와 수배우체(정자)의 결합으로 생긴 수정 난세포를 말한다. — 옮긴이

하지 않을 기회가 있었을 것입니다.

해리스 달라이라마도 걱정스러운 존재이죠.

히친스 종교는 숫자의 문제가 아닙니다. 말하자면, 밈과 감염의 문제입니다. 제가 1930년대에 살았다면 가톨릭교회가 가장 치명적인 조직이라고 말했을 것입니다. 파시즘과 동맹했기 때문이죠. 노골적이고, 공개적이고, 천박한 동맹. 가톨릭교회는 가장 위험한 교회였습니다. 하지만 지금은 교황이 종교 권위자들 가운데 가장 위험하다고 말하지 않을 것입니다. 당연히 이슬람이 가장 위험한 종교이죠. 멈추라고 말할 수 있는 교황 제도가 없기 때문일지도 모릅니다. 칙령을 발표할 제도가 없어서……

해리스 그렇습니다. 하향식 통제가 없죠.

히친스 물론입니다. 하지만 저는 그렇다 해도 유대교가 문제의 뿌리라고 말해야겠습니다.

해리스 하지만 유대교가 문제의 뿌리가 된 배경에는 그 땅에 대한 이슬람교도의 집착이 있습니다. 만일 이슬람교도들이 팔레스타인에 신경 쓰지 않았다면, 유대교 이주자들이 자신들이 원하는 메시아를 불러들이려는 것이 문제가 되지는 않았을 테죠. 분쟁의 불씨가 없었을 거예요. 땅에 대한 소유권 분쟁일 뿐이었겠죠. 양측 모두 잘못이 있지만, 20만 명의 이주자가 잠재적으로 세계적 분쟁을 촉발할 수 있는 유일한 이유는 그 이주자들이 알아크사Al-Aqsa 사원*을 파괴할까 봐 신경 쓰는 10억 명이 있기 때문입니다.

히친스 그렇게 하는 것이 그 유대교도들의 꿈이죠. 그들은 세계의 한 부분이 다른 부분보다 더 신성하다고 믿기 때문입니다. 어떤 믿음도 그보다 더 이상하고, 비합리적이고, 꼴사나울 수 없습니다. 따라서 견해가 그러하고 그것을 현실로 만들 힘이 있는 소수의 사람들만으로도 문명의 충돌을 일으킬 수 있고, 그 싸움에서 문명은 무너질지도 모릅니다. 이 분쟁이 핵무기 교환 없이 끝나기만 해도 천만 다행일 겁니다.

해리스 이 대목에서 연결되는 아주 좋은 주제가 있습니다. 우

---

* 이스라엘 예루살렘에 있는 이슬람교의 유적. 이 사원을 둘러싼 벽 중 서쪽 벽은 예루살렘 제2성전 가운데 현재까지 남아 있으며, 통곡의 벽이라고 부르기도 한다. 통곡의 벽은 1967년부터 다시 유대인이 관할했으며, 유대인의 희망과 순례의 중심이 되고 있다. - 옮긴이

리의 가장 웅대한 바람은 무엇이고 가장 큰 두려움은 무엇일까요? 우리 자식들의 살아생전에 무엇을 달성할 수 있다고 생각하십니까? 무엇이 걸려 있다고 보십니까?

데 닛   그리고 어떻게 하면 그 목표에 닿을 수 있을까요?

해리스   비판하는 것 외에 우리가 할 수 있는 뭔가가 있을까요? 실질적으로 밟을 수 있는 단계들이 있을까요? 만일 10억 달러가 있다면, 사상의 유의미한 변화를 일으키기 위해 우리가 무엇을 할 수 있을까요?

히친스   저는 제 자신이 정치적으로는 지고 있고, 지적으로는 이기고 있다는 느낌이 듭니다.

데 닛   할 일이 아무것도 없다고 보십니까?

히친스   지금의 시대정신에 비추어보면 여기 있는 우리가 너무 오랫동안 경시돼온 논쟁을 시작했으며, 그 논쟁에서 대체로 이기고 있다고 말해도 지나친 자만이라는 비난은 듣지 않으리라고 생각합니다. 실제로 제가 보기에 이 순간 미국과 영국에서는 그것이 사실이기도 하고요. 하지만 전 지구적으로 보면 우리는 한 줌밖에 안 되고, 그나마도 줄어들고 있는 소수여서 신권주의 세력에 패배할 거라고 봅니다.

해리스 우리가 진다는 데 판돈을 거십니까?

히친스 그들은 결국 문명을 파괴하고 말 겁니다. 오래전부터 그렇게 생각해왔습니다. 하지만 저항은 있을 겁니다.

데 닛 당신 말이 맞을지도 모릅니다. 그것은 현존하는 단 하나의 재앙일 수 있으니까요.

히친스 도킨스 교수님과 제가 의견을 달리하는 부분인데, 저는 이 순간 세속주의를 위해 싸우는 진정한 전사는 우리와 더불어 제82공수사단과 제101공수사단이라고 생각합니다. 주된 적과 실제로 싸우는 사람들이죠. 이건 틀림없이 세속주의자들 사이에서 가장 이상한 입장으로 간주될 겁니다. 그 사람들에게는 이빨 요정 같은 이야기이겠죠. 하지만 저는 그것이 확고한 사실이라고 생각합니다. 미국이 신권주의와 맞서 싸울 의지가 있기 때문에 우리가 그나마 이길 확률이 있는 겁니다. 우리의 논증은 아무 관련이 없습니다.

해리스 적은 훨씬 더 많을 수 있습니다. 이라크 영토에만 있지는 않습니다. 제 말은 같은 목적으로 다른 장소에서 다른 전쟁을 치르기 위해 제82공수사단이 필요할지도 모른다는 얘깁니다.

히친스 보세요! 저라고 의구심이 없겠습니까. 얼마든지 말씀드릴 수 있어요. 하지만 방금 하신 말씀은 원칙적으로 매우 중요한 지적이라고 생각합니다.

도킨스 애석하지만 시간이 다 되었습니다.

히친스 녹화 테이프도요. (일동 웃음)

도킨스 멋진 대담이었습니다.

데 닛 네, 좋았습니다.

도킨스 모두 감사합니다.

데 닛 생각할 거리를 많이 얻었습니다.

미국 탐구센터CFI의 한 분과인 리처드 도킨스 이성과 과학 재단은 이 책을 출간하는 데 지대한 공헌을 한 리처드 도킨스, 대니얼 데닛, 스티븐 프라이, 샘 해리스, 고故 크리스토퍼 히친스와 그의 미망인 캐럴 블루에게 깊은 감사를 전합니다.

우리는 날카로운 눈과 능숙한 솜씨로 원고를 교열하고, 필기록을 정리하는 만만치 않은 작업을 노련하게 처리해준 세라 리핀콧에게 감사드립니다. 도움을 준 CFI의 전 인턴 앤디 노에게도 감사드립니다. 또한 이성과 과학이라는 매우 중요한 대의에 헌신한 네 기사와 스티븐 프라이의 혁혁한 공에도 사의를 표하고 싶습니다. 이분들 덕분에 좀 더 나은 세상이 되었습니다.

미국 탐구센터 센터장 및 CEO
리처드 도킨스 이성과 과학 재단 사무총장
로빈 블럼너

이 책의 원제는 네 기사Four Horsemen이다. 이른바 '신무신론'을 이끄는 네 사람을 《성경》의 〈요한묵시록〉에 등장하는 네 기사에 빗댄 말이다. 신무신론이라는 용어는 네 기사가 자신들의 입장을 기존의 무신론과 철학적으로 구별하기 위해 스스로 만든 것이 아니라, 그들이 쓴 저서들의 내용 및 영향에 대한 언론의 논평에서 나왔다. 2001년 이슬람 테러조직 알카에다가 자행한 911 테러 공격 이후 비슷한 시기에 출판되어 베스트셀러가 된 네 기사의 저서들(샘 해리스의 《종교의 종말》, 리처드 도킨스의 《만들어진 신》, 대니얼 데닛의 《주문을 깨다》, 크리스토퍼 히친스의 《신은 위대하지 않다》)은 과학적 관점을 바탕으로 신앙이라는 금기를 건드림으로써 열띤 논쟁을 일으켰다. 그 책들은 2004년에서 2007년 사이에 나왔고, 이 모임은 2007년 그 열기 속에서 성사되었다. 그리고 크리스토퍼 히친스가 안타깝게도 2011년 사망하면서 이 역사적 대화는 네 사람이 함께 모인 처음이자 마지막 자리가 되었다.

이 기념할 만한 이벤트의 매력은 사회자도, 사전 계획도, 미리 약속한 의제도 없이 자유분방하게 흘러간다는 데 있다. "이런 식의 흐름에 맡기는 대화가 제3자에게도 재미있을까"라고 리처드 도킨스는 겸손하게 묻지만, 이름값을 톡톡히 하는 네 사람이 한자리에 모였다는 것만으로도 귀가 솔깃해질 수밖에 없다. 물론 무신론자와 유신론자의 대담이 아닌 만큼 참가자들은 모두 같은 편으로 보이고, 대부분의 쟁점에서 교집합을 이룬다. 하지만 4중주의 악기들이 각기 독특한 음색으로 곡에 매력을 더하듯이, 네 기사는 공통의 깃발을 치켜들면서도 미묘한 차이를 드러내며 대화에 활기를 불어넣는다. 합주의 묘미, 대화의 묘미인 셈이다. 게다가 즉흥 연주라니.

종교 논쟁의 중심은 '신은 존재하는가?'라는 질문이지만, 우리의 호기심을 끄는 것은 그런 근본적인 주제보다는 B급 주제들이다. 과학자들은 자신의 이론을 반박당하면 기분 나빠하지 않는데 왜 종교인들은 같은 상황에 처하면 상처를 받았다고 말할까? 겸손과 오만의 관점에서 종교와 과학은 어떻게 다른가? 과학은 과연 모든 것을 안다고 말하는가? 우리가 때때로 겪는 신비로운 경험은 어떻게 설명해야 할까?

대화가 무르익어 네 기사의 미묘한 의견 차이가 드러나는 대목에 이르면 혹시 딴청을 부리던 독자도 의자를 바싹 당겨 앉게 될 것이다. 아무도 교회에 가지 않는 세상이 오기를 바라는가? 세상에는 인류가 모르는 게 더 나은 지식이 있을까? 모든 종교는 똑같이 해로운가? 미켈란젤로가 과학박물관 천장화를 의뢰받았다면 그만큼 훌륭한 작품을 만들 수 있었을까?

가장 강경한 노선을 걷는 도킨스는 교회가 텅 비는 것을 보고 싶어한다. 그는 웅대하고 아름답고 경이로운 우주에서 초자연적인 창조자를 믿는 것은 "좀스럽고 편협하고 시시한 일"이라고 생각한다. 신비주의 노선을 취하는 해리스는 이 세상에는 영성과 신비를 위한 영역이 존재한다고 생각한다. 신중한 노선을 취하는 데닛은 교회가 사회에서 맡을 수 있는 몇 가지 역할을 인정하지만 교회의 관행과 믿음은 받아들이지 않는다. 대단한 입담으로 카리스마를 뽐내는 히친스는 논쟁 상대로서의 종교가 사라지는 것을 원치 않으며 이 대화가 영원히 계속되기를 바란다.

대담이 있었던 때로부터 10여 년이 지난 지금, 당시 네 기사를 한자리에 불러모았던 긴급한 문제는 해결되었을까? 그런 것 같지는 않다. 그런 점에서 이 논쟁이 영원히 계속되기를 원했던 히친스의 바람은 적어도 지금까지는 이루어진 셈이다. '신을 믿어?'로 시작해 '사랑은 과학으로 설명할 수 없어'로 끝나는 설전은 오늘도 어딘가에서 계속되고 있고, 뒤늦게 도착

한 이 대화가 여전히 나와 무관한 이야기로 느껴지지 않을 만큼 '종교적 믿음'은 신을 믿든 믿지 않든 대부분의 사람들에게 아직 역사적 사실이 아닌 직시해야 할 현실이다.

한편 이 대담의 맥락을 제공했던 분위기는 바뀌었다. 현재 성전聖戰이 문명을 위협하는 "현존하는 단 하나의 재앙"인 것 같지는 않다. 그렇다면 이들의 대화가 지금 우리에게 어떤 새로운 의미를 줄 수 있을까? 지금을 흔히 '포스트 팩트post-fact', '탈진실' 시대라고 부른다. 옥스퍼드 사전은 탈진실 사회를 "대중의 의견을 형성하는 데 있어서 객관적 사실이 개인적 신념과 감정에 호소하는 것보다 영향력이 적은 환경"이라고 정의했다. 우리 사회도 급속하게 확산되는 소셜 미디어가 가짜 뉴스와 양극화된 정치적 신념을 부추기는 가운데 합리적 의심과 이성적 판단은 힘을 잃어가고 있는 듯하다. 서문에서 스티븐 프라이는 "신념과 이념에 대한 이야기는 종교 논쟁의 부분집합"이라고 말했다. 실제로 이 대화의 많은 부분이 '믿음'과 '신앙'을 '신념'과 '이념'으로 바꾸어 읽어도 이상하지 않다. 이 또한 10년이 훨씬 지난 현재에도 이 대화가 여전히 유효한 이유가 될 수 있지 않을까.

김명주

THE FOUR HORSEMEN